Modelos Matemáticos
nas Ciências Não-exatas

Doutor Euclydes Custódio de Lima Filho

Eduardo Arantes Nogueira
Luiz Eduardo Barreto Martins
René Brenzikofer

Coordenadores

Modelos Matemáticos
nas Ciências Não-exatas

 EDITORA BLUCHER 50 anos

www.blucher.com.br

1ª edição – 2008

EDITORA BLUCHER
Rua Pedroso Alvarenga, 1245 – 4º andar
04531-012 – São Paulo, SP – Brasil
Fax: (11) 3079-2707
Tel.: (11) 3078-5366
e-mail: editora@blucher.com.br
site: www.blucher.com.br

ISBN 978-85-212-0419-0

Ana Basaglia – capa e projeto gráfico
Flávia Portellada – revisão

FICHA CATALOGRÁFICA

Modelos matemáticos nas ciências não-exatas / Eduardo Arantes Nogueira, Luiz Eduardo Barreto Martins, René Brenzikofer, coordenadores. -- São Paulo: Blucher, 2008.

"Um volume em homenagem a Euclydes Custódio de Lima Filho"

Vários autores.
Bibliografia.
ISBN 978-85-212-0419-0

1. Lima Filho, Euclydes Custódio de 2. Modelos matemáticos I. Nogueira, Eduardo Arantes. II. Martins, Luiz Eduardo Barreto. III. Brenzikofer, René.

08-7894   CDD-511.8

Índices para catálogo sistemático:
1. Modelos matemáticos : Ciências não-exatas 511.8

AGRADECIMENTOS

Muitos colaboraram para a edição deste livro. Destacamos aqui os créditos mais importantes. Agradecemos ao Prof. Dr. Fernando Ferreira Costa, Vice-Reitor da Unicamp o apoio que desencadeou todo o processo editorial; ao Prof. Dr. José Antonio Rocha Gontijo pela crítica construtiva e boas sugestões; ao Prof. Dr. Roberto Paes pelo apoio dado à organização das homenagens em memória do Prof. Euclydes Custódio de Lima Filho e também o apoio dado à edição deste livro.

Somos também gratos ao Sr. Eduardo Blücher e à sua equipe pelo cuidado na elaboração do volume. O trabalho inicial de editoração de Ana Basaglia é aqui também creditado.

Finalmente, agradecemos ao Sr. Elias Messer, à Sra. Patrícia Messer e ao Sr. Paulo Sergio Oliveira, diretores da firma Line Life Cardiovascular, o apoio decisivo para o projeto. Também, nossos agradecimentos ao Laboratório Americano de Farmacoterapia, FARMASA, pelo importante apoio.

Este projeto recebeu auxílio da FAEP, processo 1192/05.

AUTORES

Antonio S. Cardoso Jr. — Mestre em Matemática Aplicada, Instituto de Matemática Estatística e Computação Científica, Universidade Estadual de Campinas, Campinas/SP.

Djalma de Carvalho Moreira Filho — Professor Titular de Epidemiologia, Departamento de Medicina Preventiva e Social, Faculdade de Ciências Médicas,Universidade Estadual de Campinas, Campinas/SP.

Eduardo Arantes Nogueira — Professor Associado de Clínica Médica, Departamento de Clínica Médica, Faculdade de Ciências Médicas, Universidade Estadual de Campinas, Campinas/SP.

Euclydes Custódio de Lima Filho — Foi Professor Colaborador da Faculdade de Educação Física e Professor Associado do Instituto de Matemática, Universidade Estadual de Campinas, Campinas/SP. Foi Professor Associado da Faculdade de Medicina de Ribeirão Preto, Universidade de São Paulo, São Paulo/SP.

Fábio A. Dorini — Doutorando em Matemática Aplicada, Instituto de Matemática Estatística e Computação Científica, Universidade Estadual de Campinas, Campinas/SP.

Irene Lorand-Metze — Professora Titular de Clínica Médica, Departamento de Clínica Médica, Faculdade de Ciências Médicas, Universidade Estadual de Campinas, Campinas/SP.

Jocelyn Freitas Bennaton — Professor Titular de Engenharia Elétrica, Departamento de Engenharia Elétrica, Escola Politécnica, Universidade de São Paulo, São Paulo/SP.

Konradin Metze — Professor Doutor em Anatomia Patológica, Departamento de Anatomia Patológica, Faculdade de Ciências

Médicas, Universidade Estadual de Campinas, Campinas/SP. Pesquisador 1A do CNPq. Líder do grupo Interdisciplinar "Patologia Analítica Celular".

Lourenço Gallo Jr. — Professor Titular de Clínica Médica, Departamento de Clínica Médica, Faculdade de Medicina de Ribeirão Preto, Universidade de São Paulo, Ribeirão Preto/SP.

Luiz Eduardo Barreto Martins — Professor Doutor em Fisiologia de Exercício, Departamento de Estudos de Atividade Física Adaptada, Faculdade de Educação Física, Universidade Estadual de Campinas, Campinas/SP.

M. Cristina C. Cunha — Professora Titular de Matemática Aplicada, Departamento de Matemática Aplicada, Instituto de Matemática, Universidade Estadual de Campinas, Campinas/SP.

Neucimar Jerônimo Leite — Professor Livre-Docente Instituto de Computação, Universidade Estadual de Campinas, Campinas/SP.

Paulo R. P. Santiago — Mestre em Educação Física, Departamento de Educação Física, Instituto de Biociências, Universidade Estadual Paulista, Rio Claro/SP.

Randall Luis Adam — Departamento de Anatomia Patológica, Faculdade de Ciências Médicas, Universidade Estadual de Campinas, Campinas/SP.

René Brenzikofer — Físico, Professor Colaborador da Faculdade de Educação Física, Universidade Estadual de Campinas, Campinas/SP.

Sergio A. Cunha — Professor Associado de Ciências do Esporte, Departamento de Ciências do Esporte, Faculdade de Educação Física, Universidade Estadual de Campinas, Campinas/SP.

Wanderley de Souza Filho — Mestre em Ciências da Computação, Instituto de Computação, Universidade Estadual de Campinas, Campinas/SP.

SUMÁRIO

PREFÁCIO

Este livro de Modelos Matemáticos nas Ciências Não-Exatas foi idealizado em homenagem ao professor Euclydes Custódio de Lima Filho, médico, matemático e estaticista, cuja brilhante atuação acadêmica deixou marcas importantes em várias instituições de ensino superior e percutiu em tantos projetos científicos de colegas docentes, investigadores fora da universidade, alunos de pós-graduação e alunos de graduação. Sua jornada iniciou-se em Ribeirão Preto, passando por São Paulo, São Carlos, Rio de Janeiro e Campinas. Em Campinas, foi professor do Instituto de Matemática e Estatística e da Faculdade de Educação Física, tendo também uma atuação importante, apesar de não oficial, como orientador de projetos de investigação no Instituto de Biologia e na Faculdade de Ciências Médicas.

Foi um dos pioneiros no Brasil ao aliar disciplinas tão diferentes como Medicina e Matemática Estatística, tendo planejado e analisado inúmeros trabalhos científicos, teses de mestrado e doutorado. Em suas consultorias, sabia como ninguém associar os aspectos práticos com profunda erudição teórica, assim, plantando em seus colegas e alunos a semente de uma visão mais abrangente da ciência.

Sem dúvida, foi um espírito renascentista, não só pela multidisciplinaridade, mas também pela aguda sensibilidade e elegância com que enfocava os mais complexos problemas metodológicos. Seu passamento deixou a todos nós — seus amigos, alunos e admiradores — com profunda tristeza. Dentre várias manifestações de pesar, salientamos as palavras dos professores Lourenço Gallo Junior e Denizard Rivail Gomes, proferidas na 675ª Sessão Ordinária da Congregação da Faculdade de Medicina de Ribeirão Preto, reproduzidas adiante. Neste livro, estão descritas as apresentações do Seminário de Biomatemática a ser realizado em sua homenagem.

Eduardo Arantes Nogueira,
Luiz Eduardo Barreto Martins,
René Brenzikofer

Congregado **Lourenço Gallo Júnior:** "É com um sentimento de tristeza e pesar, pela perda do professor Euclydes Custódio de Lima Filho, que me cabe destacar algumas das muitas e marcantes contribuições acadêmicas e científicas do referido professor, em nossa instituição e em muitas outras em que atuou como docente e assessor. Nascido em Araraquara, São Paulo, no dia 22 de agosto de 1937, foi admitido na Faculdade de Medicina de Ribeirão Preto — USP, no ano seguinte à conclusão do seu curso colegial, ou seja, em 1956. Como aluno de nossa Faculdade, logo mostrou interesse pela vida acadêmica, ao ser diretor do Departamento Científico do Centro Acadêmico Rocha Lima — FMRP-USP, nos anos de 1958 e 1959. Também participou ativamente, como conferencista, da Liga Brasileira de Combate à Moléstia de Chagas, nos anos de 1957 e 1958. Em razão de seus pendores pela área de ciências exatas, findo o curso médico, em 1961, iniciou em 1962 especialização em Estatística Aplicada às Ciências Médicas, freqüentando vários cursos promovidos pela Organização Panamericana de Saúde e pela Organização Mundial de Saúde, realizados junto ao Departamento de Bioestatística da Faculdade de Higiene e Saúde Pública — USP. No mesmo local, continuou sua especialização, freqüentando o curso de Introdução à Teoria das Probabilidades. Nos anos de 1965 e 1967 especializou-se em subáreas da estatística, freqüentando cursos no recém-criado Departamento de Matemática Aplicada à Biologia, da Faculdade de Medicina de Ribeirão Preto — USP, a saber: Aplicação de métodos não-paramétricos em Biologia e Ensaios biológicos, cursos estes ministrados pelo professor doutor John Fertig, da Universidade de Columbia, Nova York — EUA. Além da Estatística, o professor Euclydes cuidou de se aprofundar nos conhecimentos de Matemática (cálculo, geometria analítica, geometria projetiva, álgebra linear e teoria das séries), freqüentando vários cursos de Matemática oferecidos pela Faculdade de Ciências e Letras de São Paulo — USP, nos anos de 1962 e 1963. Na pós-graduação, também realizada no Departamento de Matemática Aplicada à Biologia da FMRP-USP, participou de cursos de Matemática Aplicada à Biologia, Programação Linear e Topologia Diferencial. Em 1967, sob orientação do professor doutor Geraldo Garcia Duarte, defendeu e teve sua tese de doutorado aprovada. Ela intitulava-se 'Limites de Tolerância. Aplicações em Biologia'. Como instrutor do Departamento de Higiene e Medicina Preventiva da FMRP-USP (de 1962 a 1965) e, a seguir (1965-1984), como professor doutor, junto ao Departamento de Matemática Aplicada à Biologia da mesma Faculdade, o professor Euclydes desenvolveu profícua atividade acadêmica relacionada ao ensino de graduação e pósgraduação, à pesquisa e à prestação de serviços (Assessoria Estatística aos Pós-Graduandos e Docentes da FMRP-USP). Inteligência brilhante, arguta e provocativa, o professor Euclydes foi um atrator de docentes que, por ele estimulados, se empolgaram com as aplicações da Matemática e Estatística nas áreas de Biologia e Medicina. Foram seus alunos de pós-graduação vários docentes que tiveram e têm destacada atuação acadêmica no câmpus de Ribeirão Preto — USP e em outras instituições universitárias. Para citar alguns deles, nos reportaremos aos nomes dos professores Gerson Muccillo (FFCLRP-USP), Gabriela Stangenhaus (IME-USP), Geraldo Garcia Duarte Júnior (FMRP-USP), Antonio Ruffino Netto (FMRPUSP) e Léo Degrève (FFCLRP-USP). Não menos importantes foram as atividades extracurriculares por ele conduzidas, no que se refere às aplicações das ciências exatas na Medicina. Eu, juntamente com muitos outros colegas, durante o curso de graduação em Medicina, tivemos oportunidade de nos iniciarmos no aprendizado de cálculo integral e diferencial, em cursos ministrados, informalmente, pelo professor Euclydes, nas salas do HC 'velho', em período noturno. A determinação do professor Euclydes com o controle de qualidade a ser obedecido na experimentação animal e humana, a fim de que o método quantitativo pudesse expressar a plenitude de seu potencial, permitiu que várias linhas de pesquisa pudessem ser consolidadas em diferentes grupos de pesquisa da FMRP-USP. A partir de 1984, o professor Euclydes se transferiu para a UNICAMP. Naquela instituição, foi docente junto ao Departamento de Estatística do Instituto de Matemática, Estatística e Ciência da Computação (IMECC). Continuando sua trajetória acadêmica, exerceu papel de liderança naquela instituição, que culminou com sua eleição para chefia do Departamento de Estatística do IMECC e, a seguir, com a titulação de professor adjunto. Paralelamente às atividades no IMECC, o professor Euclydes fomentou, intensamente, projetos de pesquisa multi e interdisciplinares entre aquela instituição e outras da UNICAMP, como a Faculdade de Medicina, o Instituto de Biologia e a Faculdade de Educação Física. Desta iniciativa muitos trabalhos foram publicados em periódicos nacionais e do exterior.Após a sua aposentadoria em 1995, continuou a exercer atividades acadêmicas no Laboratório de Biomecânica da Faculdade de Educação Física da UNICAMP. Naquele local, mais uma vez se destacou por desenvolver pesquisa quantitativa de alto nível científico e por se dedicar à formação de recursos humanos no nível de pós-graduação. Nos últimos cinco anos, o professor Euclydes teve participação decisiva na criação da Sociedade Brasileira de Biomecânica e na publicação de seu periódico oficial, Brazilian Journal of Biomechanics. O exemplo de desprendimento e dedicação que norteou a brilhante carreira acadêmica do professor Euclydes é motivo de orgulho para a FMRP-USP e as demais instituições, onde ele teve oportunidade de atuar."

Congregado Denizard Rivail Gomes: "... Conheci-o como nosso aluno no cursinho preparatório para vestibular de Medicina. Assim como o professor Ulisses Meneghelli e o dr. Guido Hellem, era aluno brilhante. Foi depois nosso aluno quando passou pelo estágio de cirurgia e mais tarde fui seu aluno, no primeiro curso de pós-graduação (Curso de Preparação Básica do Pessoal Docente) ministrado nessa faculdade. Naquela época, o doutoramento era feito diretamente (sem mestrado). Um dos professores foi também o professor Carlos Laure, que está aqui conosco. Curso excelente, especialmente porque nos ensinava o preparo, o planejamento, antes de iniciarmos qualquer trabalho ou pesquisa. Tivemos aí mais uma oportunidade de constatar as qualidades que o professor Gallo já referiu e, graças a essas orientações recebidas no referido curso, obtivemos todos uma ótima formação. Gostaria, portanto, de falar agora sobre o Euclydes — pessoa que foi excelente e muito amigo. Trabalhamos juntos vinte e poucos anos em um ambulatório médico na periferia (o dr. Luis Carlos Raya também compartilhou conosco esse trabalho). Atendíamos aí pessoas necessitadas e sem recursos sequer para ir a um hospital. O Euclydes exercia a função de médico clínico e não matemático, desempenhando-se muito bem nessa atividade. Foi uma das inteligências mais brilhantes que conheci. Era impressionante seu raciocínio e precisava, por isso, ser muito tolerante, porque as pessoas assim vão muito além e, antes de concluirmos a fala, já chegaram lá, há muito tempo. Excelente médico, eu dizia, e tratava os doentes não só em sua parte física, mas ia além, tratava-os como um todo, e não vendo só a doença, que é o estágio final do processo. Aos poucos, vamos aprendendo que em cada ser a doença pode se manifestar com múltiplas e diferentes facetas, pois cada individualidade é como um general, que tem sob suas ordens cerca de 100 trilhões de soldados, que são as células, e dele depende o trabalho harmônico desse exército. Se o general se desequilibra, desorganiza-se todo o conjunto; essa desarmonia se transfere ao corpo e essa situação persistindo, instala-se a doença. Chegamos aos poucos a essa conclusão, à qual o Euclydes já havia chegado, e por isso conversava muito com o doente, cuidando do indivíduo como um todo. Por outro lado, o Euclydes era também uma espécie de conselheiro, e tive a oportunidade de vê-lo, muitas vezes, interferir e orientar casais em desentendimento, fazendo que, por intermédio da argumentação, eles repensassem a situação e retomassem o caminho da concórdia para detectar os problemas. Ele tinha muita facilidade para argumentar, conseguindo assim o seu objetivo. Voltando ao médico, ele sempre tratava os doentes com muita humanidade, o que precisamos ter sempre em mente, como exemplo a seguir, pois a Medicina não é só laboratório, pesquisa, pedir exames e fazer receitas; o médico precisa utilizar-se da terapêutica maior, que é o Amor, seguir o exemplo de Cristo, que curava com o olhar ou com uma palavra, ou apenas tocando o doente. Não temos ainda essa capacidade, mas uma potencialidade que precisamos desenvolver, e aproximando-nos dos nossos doentes, sentindo as suas dificuldades, poderemos depois tratá-los como um todo. O Euclydes agia assim, sentindo os doentes, tendo base para orientá-los e, por isso, era tão querido e admirado por eles. Nada mais pretendo dizer, mesmo porque nosso tempo é exíguo. Quero deixar aqui minha homenagem e meus sentimentos por essa perda irreparável, mas nós, que acreditamos que a morte é só do corpo, continuamos sentindo o Euclydes como sempre, vivo e atuante."

1 MODELOS MATEMÁTICOS NAS CIÊNCIAS NÃO-EXATAS[1]

Euclydes Custódio de Lima Filho

1 Introdução

A expressão *modelo matemático* não é nova. Ela vem sendo amplamente usada por engenheiros, físicos, estatísticos e economistas desde a década de 1940, pelo menos.

Só para dar uma primeira idéia, um modelo matemático é o resultado de tentativas no sentido de *matematizar* uma situação dada. Essa situação pode ser algo como um fenômeno em ciências físicas, químicas, biológicas, humanas ou sociais; um processo tecnológico, uma obra literária ou musical; uma tarefa com etapas bem definidas. E matematizar não significa apenas traduzir a situação em linguagem matemática. É muito mais que isso, pois consiste em desvelar possíveis estruturas matemáticas contidas na situação – "desentranhar estruturas".

Após identificar essas estruturas, poderemos aplicar as teorias matemáticas correspondentes para obter:

1 - Informações novas sobre a situação.

2 - Previsões e projeções.

3 - Estratégias.

Outra vantagem do uso de modelos é a economia: *situações diferentes* podem admitir um *mesmo modelo*. Em tais casos, as várias situações podem ser estudadas englobadamente, de uma vez só. E as conclusões obtidas serão válidas para cada situação em particular.

Por causa dessa ânsia por estruturas, a construção de modelos se enquadra na corrente de pensamento conhecida como *estruturalismo*.

---

1 Este é um texto inédito da lavra do prof. Euclydes Custódio de Lima Filho, apresentado quando estava na Escola Nacional de Saúde Pública. Os editores escolheram este texto, levemente editorado, como primeiro capítulo deste livro – em sua homenagem.

Exemplo:

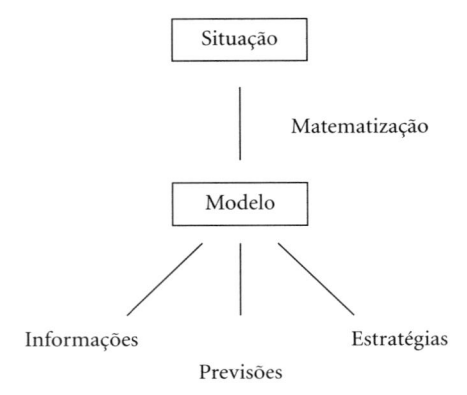

2 O conceito de modelo matemático

"Afinal, o que é exatamente um modelo e para que serve?.
Aventuro-me a sugerir que dez construtores de modelos darão à pergunta cinco respostas, ao menos na aparência".
(Brodbeck, M. *Models, meaning and theories*. In: M. Brodbeck (Ed.). Readings in the Philosophy of the Social Sciences, p.579-600. Nova York: MacMillan Pub. Co., 1968.)

Pretendo apresentar uma formalização de modelo matemático. Isto pressupõe uma metalinguagem (linguagem para falar de outra linguagem).

Como guia, aproveitei a idéia seguinte, que encontrei em Chorley-Kaggett:

Um modelo (matemático) é uma representação aproximada e seletiva (respectivamente, em termos matemáticos) de uma dada situação. (Chorley, R. e Kaggett P. *Socio-economic models in geography*. Londres: Methuen, 1968.)

Seja S_0 uma situação dada, que pode ser real ou simulada. Como tal, ela é constituída de componentes e de interdependências.

Na etapa inicial, selecionamos em S_0 as componentes e as interdependências que considerarmos as mais relevantes, descartando o restante; obteremos assim, uma situação simplificada: **S**.

A passagem da situação S_0 de partida à situação simplificada **S** constitui uma *seleção*.

Por outro lado, seja **M** uma estrutura matemática. Por definição, **M** é um conjunto não-vazio munido de pelo menos uma relação. A idéia é que **M** seja uma teoria matemática.

Em seguida, considere uma dada interdependência, em **S**, uma dada relação **R** em **M** e uma aplicação (função) $f : S \to M$, $x \to x'$. Diremos que **f** preserva essa interdependência, se cada vez que for **y** interdependente de **x** em **S** resultar **x' R y'** em **M**.

Agora, sim, já podemos definir quando é que a estrutura matemática **M** é um *modelo* matemático (**m.m**) de **S**, e automaticamente de S_0.

Definição: Dizemos que **M** é um *modelo matemático* (**m.m**) de **S** e de S_0, se existe uma aplicação injetiva $m: S \to M$ que leve injetivamente cada componente de **S** num elemento de **M** e cada interdependência de **S** numa relação de **M**, preservando todas.

Esta aplicação $m: S \to M$ é então dita uma *representação* (matemática), uma *modelagem* (matemática) ou uma *matematização* de **S** e de S_0.

Se **M' = m (S)** é a imagem de **S** por **m**, podemos tomar a inversa, $m^{-1} : M' \to S$, dita uma interpretação de **M**. Por isso, **m** consiste em abstrair a situação e m^{-1} consiste em situar a abstração.

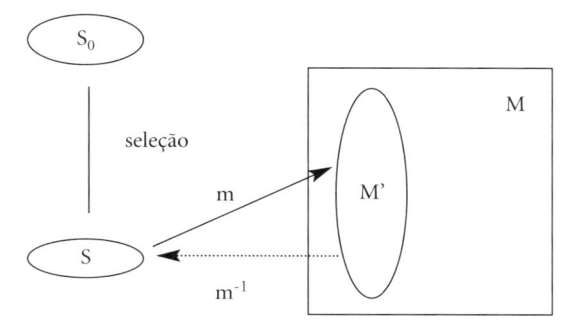

Elas são duais e fazem a tradução respectivamente de **S** em **M'** e de **M'** em **S**, sem qualquer ambigüidade. Enquanto **M** é um **m.m** de

S, a situação **S** é um *modelo concreto* de **M**. Em termos de lingüística, **M** é uma *sintaxe* e **S** é uma *semântica*, isto é:

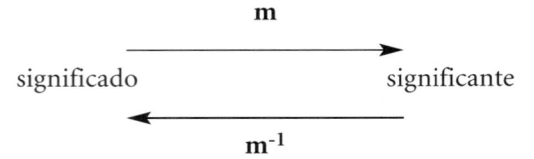

O mais familiar exemplo de **m.m** é dado por uma equação

$$f(x_1, x_2, \dots, x_n) = 0$$

de um fenômeno. Neste caso, o modelo é, formalmente, $M = R^n$ com a relação dada por **f**. As componentes relevantes são as **n** variáveis selecionadas no fenômeno; e interdependência relevante só foi destacada uma, representada por **f (x) = 0**.

Se forem selecionadas **p** interdependências, haverá **p** relações f_i, e assim o fenômeno será representado por um sistema de **p** equações:

$$f_i(x_1, x_2, \dots, x_n) = 0 \, , \quad i = 1, 2, \dots, p.$$

Na prática, tanto **n** quanto **p** costumam ser muito grandes – às vezes, milhares. E as equações podem ser não-lineares. Com a difusão dos computadores, de todos os tipos e capacidades, a arte-ciência de modelagem quase virou rotina. Já disse, a propósito, o matemático francês J.J. Lions que a história dos modelos tem duas fases – a.C. e d.C., quer dizer, antes e depois do computador...

Qualquer aplicação prática da Matemática, por mais trivial que seja, envolve a construção de um **m.m**, construção muitas vezes puramente mental:

"Seria a Matemática um modelo da vida ou a vida uma realização concreta da Matemática?" (Euclides Roxo)

Em cada momento histórico, nem sempre a Matemática já tem disponível a estrutura **M** adequada à construção de um determinado modelo. Pode ser que a estrutura tenha de ser formulada, por exigência da situação. Por exemplo, foram os modelos de catástrofe, no final da década de 1960, que motivaram o renascimento e, conseqüentemente, o progresso da teoria das singularidades das aplicações diferenciáveis. Vice-versa, a teoria dos grupos – atribuída ao matemático francês Evariste Galois (1811-1832), um dos primeiros estruturalistas – permaneceu um século como disciplina de Matemática Pura até a década de 1930, quando passou a interessar os físicos teóricos.

3 Validação

Etapa indispensável na formulação de qualquer **m.m** é a validação ou teste. Isto consiste em comparar dados já disponíveis, sobre o comportamento da situação, *versus* resultados fornecidos diretamente pelo modelo, através da Matemática.

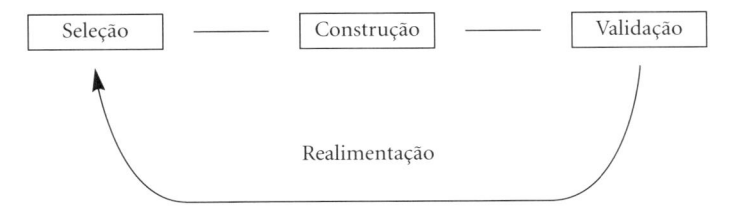

Se a concordância não for considerada razoável pelo construtor, pelo avaliador ou pelo cliente, o modelo terá de ser aperfeiçoado (*reciclagem*). E, num caso extremo, será definitivamente rejeitado e substituído. Tudo num processo dinâmico de realimentação (*feedback*). Por isso, a modelagem é uma *dialética* no sentido empregado pelo filósofo Hegel (1770-1831): "É tudo que é móvel, progressivo ou que está em evolução"; a dialética constitui o principal pressuposto da filosofia de Marx.

4 Previsão a partir de modelos

Vimos em 1 que uma das utilidades potenciais de um modelo é permitir *previsões* de itens novos (componentes ou interdependências) dentro da situação S_0 de partida. Nesta seção, analisaremos como isto ocorre, com base na formalização **m: S → M**.

O requisito essencial é que a aplicação de modelagem não seja sobrejetiva. Então, tome um elemento **y** ∈ **M** na estrutura matemática e tal que **y** ∉ **M'** = **m(S)**. Portanto, não existe **x** ∈ **S** tal que **m(x)** = **y**.

Mas, quem sabe, não existe um tal **x** numa situação simplificada mais ampla, **S'** ⊃ **S**. No caso positivo, **x** provém de algum x_0 ∈ S_0, um dos elementos componentes da situação original. É claro que x_0, ou era desconhecido antes, ou foi desconsiderado como irrelevante em nossa etapa de seleção S_0 → **S**. Este é o capítulo de previsão, de um objeto novo, em S_0.

Considerações análogas valem para previsões de interdependências. É este, essencialmente, o programa que tem sido seguido em predições teóricas na ciência moderna. E o passo seguinte é a comparação experimental, que pode tardar muito.

Exemplos marcantes:

1 - *O quadro periódico dos elementos químicos (1869)*

Pode ser considerado como um **m.m.** da Química. Seu inventor – o químico russo D. I. Mendeleev (1834-1907) – dispôs os elementos químicos em ordem crescente de número atômico (= n° de prótons no átomo). As lacunas resultantes o levaram a prever a existência de elementos até então desconhecidos. Suas previsões foram e ainda continuam a ser confirmadas pela descoberta experimental de elementos com as mesmas propriedades antecipadas pelo modelo. Em março de 1984, anunciou-se em Darmstadt, na Alemanha, a descoberta do elemento 108, cuja vida só dura 0.002 s.

2 - *Os modelos do sistema planetário*

Modelo geocêntrico (Ptolomeu, século II).

Modelo Heliocêntrico (Copérnico, século XV).

3 - *O modelo do átomo (Niels Bohr, 1913)*

Inspirado no modelo heliocêntrico.

4 - *Modelos do espaço físico*

O primeiro foi a Geometria Euclidiana (sec. III a.C.), ainda hoje vigente.

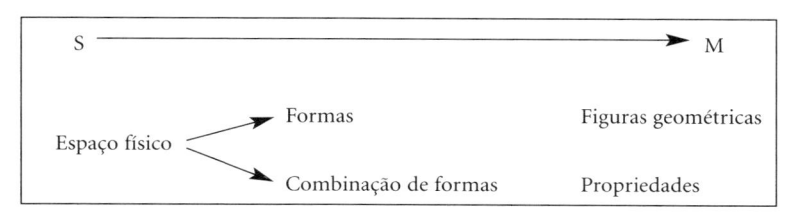

Na teoria da relatividade geral (1916), Einstein usou uma geometria não-euclidiana (a de Riemann) para formular um novo modelo do universo.

A Geometria Euclidiana segue sendo uma excelente aproximação, para distâncias na Terra.

5 - *Modelos do Universo*

Modelo	Época	Tipo	Disciplina em que se baseia
Babilônios	2000 a.C.	Aritmético (estático)	Aritmética
Ptolomeu	Séc. II	Geométrico	Geometria Euclidiana
Newton	Séc. XVII	Analítico	Cálculo
Einstein	Séc. XX	Geometria-diferencial	Geometria-diferencial

Adaptado de Resnikoff, H. L. e Wells, R. O. *Models of the Universe*. In: H. L. Resnikoff e R. O. Wells (Ed.). Mathematics in civilization. Nova York: Dover Publications, 1984.

O modelo de Newton, dito Mecânica Clássica, teve dois desdobramentos: a Mecânica Relativista (Einstein), no domínio do muito rápido, e a Mecânica Quântica, no domínio do muito pequeno.

6 - *Modelos de estruturas mentais*

Conforme o epistemólogo suíço Jean Piaget (1896-1980), as estruturas mentais entram em correspondência biunívoca com as três estruturas fundamentais, ou "estruturas-mães", da Matemática, que são:
- as estruturas algébricas ou operatórias;

• as estruturas de ordem;
• as estruturas topológicas ou de proximidade.

Outro modelo concebido por Piaget é o dos estágios de desenvolvimento cognitivo do indivíduo, isto é, formas de organização da atividade mental.

Estágio	Faixa etária aproximada
I - do sensório-motor	antes dos 2 anos
II - das operações concretas	
a) pré-operatório	2 a 7 anos
b) operatório	7 anos até adolescência
III- do lógico-formal	a partir da adolescência

As faixas etárias não são rígidas, podendo inclusive variar com o ambiente cultural. Mas a ordem – esta sim é invariável em todos os indivíduos. Embora Piaget não tenha sido um educador profissional, esses resultados são a base de estratégias pedagógicas. E a construção de modelos é o ponto fundamental de toda a sua teoria.

5 Modelos e ética

Muitas vezes, a construção de um **m.m** tem como objetivo final uma tomada de decisão. Uma interpretação tendenciosa dos resultados do modelo, uma inescrupulosa manipulação destes resultados, uma escolha inadequada de estratégia, entre os fornecidos pelo modelo ou mesmo a sonegação dos critérios usados na etapa da seleção, tudo isto suscita sérios problemas éticos. Mas nunca se poderá atribuir culpa à Matemática, uma vez que a tomada de decisão é ato subjetivo. Os modelos são "potencialmente enganosos e corruptores" – diz M. B. Turner. Tal afirmação deve ser entendida como um sinal de alerta para os usuários.

2 A INFERÊNCIA EM EPIDEMIOLOGIA

Djalma de Carvalho Moreira Filho

Inferência é o processo de tirar conclusões por raciocínio, dedução ou indução. Inferir implica em admitir a veracidade de um enunciado, a partir do conjunto de enunciados que compõem as premissas admitidas como verdadeiras ou prováveis, por princípio.

É necessário diferenciar as inferências estatísticas das inferências epidemiológicas.

Inicialmente, é preciso admitir que existem diferentes tipos de inferência estatística. Nos parágrafos a seguir, serão apresentados dois paradigmas, assim propostos por Lindley (1990) considerando o referencial de Kuhn (1978). De qualquer forma, independentemente dos paradigmas, a inferência estatística é estabelecida por argumentos compostos por premissas axiomáticas provenientes de argumentos matemáticos e, portanto, dedutivos. O que diferencia um paradigma do outro é a estrutura de teoremas que, em alguns argumentos matemáticos, são distintos.

Partindo dessas configurações de premissas, à luz da observação empírica de dados e evidências quantificáveis, a conclusão estatística, ou inferência, vai estabelecer a probabilidade de que tais resultados nas observações tenham ocorrido ao acaso ou não. E é só. Qualquer ilação adicional é juízo de valor do autor ou do leitor.

A inferência epidemiológica, por sua vez, vai além da inferência estatística. Além de poder utilizar inferências estatísticas (mais de uma se necessário), pode lançar mão de premissas provenientes de outros argumentos e, pelo menos dentro da proposta de Hill (1965), utilizar até nove dos preceitos, fazendo parte do argumento, como premissas. Os métodos de meta-análise lançam mão de conjuntos de inferências estatísticas prévias e das inferências epidemiológicas que geraram.

Visto desta forma, reduzir a inferência epidemiológica às evidências obtidas pela inferência estatística é desprezar informações fundamentais.

Os processos de inferência estatística utilizados pela Epidemiologia adotam, via de regra, os conceitos de probabilidades *freqüentistas* (Miettinen, 1985). Assim, nos métodos epidemiológicos analíticos parte-se de pressupostos de que nos limites das freqüências, os riscos (razões entre probabilidades freqüentistas) estimam parâmetros populacionais reais. Estes pressupostos implicam que os métodos estatísticos utilizados na análise de dados epidemiológicos tratem de hipóteses formuladas dentro do paradigma de Fisher-Neyman-Pearson (Efrom, 1998), ou seja, testam-se dados frente a hipóteses fixadas. A questão é, portanto, avaliar se a probabilidade associada aos dados pode ou não confirmar hipóteses fixadas: $Pr(D|H)$ – D para dados e H para hipótese. Estas hipóteses, por sua vez, obedecem a um pressuposto de nulidade, por definição (axiomaticamente), onde as diferenças não existem, mas, se existir dúvida quanto à decisão a ser tomada, o erro que porventura venha ocorrer favoreceria tal nulidade, como em um juízo de "navalha de Occam".

Curioso notar que a proposta original de Neyman & Pearson (1967) não era de favorecer uma hipótese de nulidade (H_0), mas a de minimização do erro tipo I (α = nível de significância) contra uma possibilidade de um erro tipo II ($\beta \Rightarrow 1-\beta$ = poder do teste), necessariamente maior (Neyman, 1978). Esta axiomatização transformaria H_0 não em uma hipótese de nulidade, mas na de menor probabilidade de incorrer em erro, quando da sua escolha. Em outras palavras, seria a conclusão de um argumento indutivo, cuja probabilidade de ser incorreta, dada a veracidade das premissas, fosse a menor possível. Aqui também, o teste de hipótese é fiel ao princípio da parcimônia.

Para que a validade do planejamento analítico seja garantida sob tais pressupostos, há necessidade da observância de uma série de exigências do modelo que não podem ser atingidas de forma completa, nos modelos epidemiológicos analíticos observacionais (eventualmente, nos experimentais, sim). Os pressupostos estão apoiados nos princípios de aleatoriedade e o comportamento assintótico das distribuições que regem os eventos estudados. Pelo axioma da aleatoriedade (Von Mises): "O limite da freqüência relativa de cada atributo em um coletivo ω é o mesmo em qualquer subseqüência infinita de ω que seja determinada por uma seleção-alocada (*place-selection)*" (Howson & Urbach, 1996).

Contudo, intrinsecamente, os estudos epidemiológicos analíticos observacionais são caracterizados por uma estrutura paradigmática que é, essencialmente, contraditória com a estrutura da inferência estatística que utiliza o modelo de probabilidades como limite da freqüência e o da aleatoriedade como condição, sob o modelo freqüentista, de generalização. Isto porque parte de dois pressupostos que não podem ser considerados como verdadeiros em uma argumentação indutiva. Primeiro porque o pressuposto de que a natureza se encarrega de prover "aleatorização" não tem possibilidade de comprovação e, segundo, porque a observação não comporta prova de refutabilidade, já que não é possível "observar" fenômenos epidemiológicos no limite da freqüência: geralmente, os eventos observados são únicos.

O raciocínio bayesiano difere fundamentalmente da abordagem clássica em duas áreas: (i) a natureza das probabilidades que se tenta estimar a partir dos dados e (ii) a forma pela qual se utilizam os dados para modificar os estimadores daquelas probabilidades.

Na escola clássica do pensamento freqüentista, a probabilidade de um evento representa a taxa ou freqüência, na qual o evento ocorreria se a situação, na qual devesse ocorrer, fosse reproduzida um infinito número de vezes (no limite, ao infinito da freqüência, portanto). Por esta razão, a escola clássica é comumente referida como a escola freqüentista. Como a maior parte das situações epidemiológicas e médicas não pode ser reproduzida um grande número de vezes, muitas das probabilidades epidemiológica e clinicamente importantes não são interpretadas em um contexto freqüentista estrito.

Bayesianos, por outro lado, vêm as probabilidades como estimadores da certeza de um evento. Essa interpretação das probabilidades é útil em um contexto clínico e na argumentação epidemiológica.

Os métodos bayesianos e clássicos diferem na forma pela qual os dados são utilizados para alcançar as conclusões. A análise bayesiana é condicionada aos dados observados [$\mathbf{Pr(H|D)}$]; ela diz respeito à probabilidade de que uma conclusão ou hipótese seja verdadeira diante dos dados disponíveis. A inferência clássica não é condicionada aos dados observados; antes, diz respeito ao comportamento do procedimento estatístico em um número infinito de repetições, considerando todos os dados que poderiam ter sido observados, dada uma hipótese particular [**Pr(D|H)**]. Bayesianos lidam com as probabilidades de hipóteses, dado um conjunto de dados, enquanto freqüentistas lidam com as probabilidades de conjuntos de dados, dada uma hipótese.

Como a Medicina (ou os médicos) está interessada na probabilidade de que um tratamento seja superior a outro (mais do que na probabilidade de obter dados que demonstrem a igualdade entre os tratamentos), e a Epidemiologia em saber se a incidência entre os expostos é maior do que entre os não-expostos, e não em saber se as incidências são iguais, o modo de pensar bayesiano está mais próximo do raciocínio clínico e epidemiológico do que a abordagem freqüentista.

Para que se possa identificar as bases lógicas de sustentação das argumentações epidemiológicas é preciso, antes, colocar de forma clara quais os paradigmas existentes, como eles se articulam e como a Epidemiologia faz uso deles.

Para tanto, a adoção da tipologia encontrada em Skirms (1971, 1975) e Hegenberg (1976, a/b) permite a utilização de um referencial adequado.

Assim, *lógica* é definida como a força (como evidência), pela qual as premissas se ligam à conclusão de argumentos. *Argumento* é um conjunto de enunciados. *Enunciado* é uma sentença que engloba uma asserção factual definida. As premissas e a conclusão são enunciados do argumento.

A lógica, por sua vez, pode ser classificada conforme o tipo de ligação existente entre as premissas e a conclusão.

Um argumento é dedutivamente válido se, e somente se, for impossível que a conclusão seja falsa quando as premissas são verdadeiras. Nesta condição, as ligações entre as premissas e a conclusão são avaliadas pelos preceitos da *lógica dedutiva*.

Um argumento é indutivamente forte se, e somente se, for improvável que a conclusão seja falsa quando as premissas são verdadeiras.

Nesta condição, as ligações entre as premissas e a conclusão são avaliadas pelos preceitos da *lógica indutiva*.

Ainda, dentro do contexto de lógica indutiva, dá-se o nome de *probabilidade indutiva* de um argumento à probabilidade de que sua conclusão seja verdadeira, uma vez que sejam verdadeiras suas premissas e, de *probabilidade epistêmica* de um enunciado, à probabilidade indutiva do argumento que tenha o enunciado em questão como sua conclusão e cujas premissas contenham todo o conhecimento factual pertinente (Skirms, 1971). Observe-se que, no que se refere à veracidade de conclusões e de premissas, o que está em questão é a probabilidade de que sejam verdadeiras e não que sejam verdadeiras de fato.

Assim, a lógica indutiva fica reduzida à medida da probabilidade (indutiva) de que a conclusão de um argumento seja verdadeira, dadas as probabilidades (epistêmicas) de que as premissas sejam, por sua vez, verdadeiras, já que são conclusões de argumentos indutivos anteriores, dependentes, portanto, das suas respectivas probabilidades indutivas.

A sucessão de dependências probabilísticas expõe a fragilidade deste tipo de lógica. Erros de indução são desconfortavelmente comuns na literatura epidemiológica.

Dois problemas são objeto de estudo na lógica indutiva, atualmente: (1) a elaboração de um sistema de lógica indutiva científica e (2) a justificação racional do emprego da opção de um sistema em detrimento de outros. A despeito da discussão a seguir, vale o preceito de Hegenberg (1976 a/b), segundo o qual, qualquer que seja o que se adote, toda e qualquer ilação dependente de indução deve se apoiar no método construído para a observação, e a definição apropriada de critérios é que pode conferir maior credibilidade aos procedimentos. Ou seja, o processo indutivo adotado depende fundamentalmente da forma como os enunciados são construídos, já que a consistência da conclusão depende da veracidade ou plausibilidade das premissas.

Na segunda edição de *Choice and Chance*, Skyrms (1975) indica, no prefácio da obra, que um novo capítulo, o VI, constitui o maior acréscimo à edição original. *Por que as Probabilidades Epistêmicas e*

Indutivas são Probabilidades é capítulo acrescentado para sanar a falha da primeira edição, onde os cálculos de probabilidade eram apresentados como *deus ex machina* sem as devidas justificativas, deixando subentendidos os procedimentos envolvidos e as suas conseqüências. Esta falha foi considerada, pelo autor, como argumentação incompleta. Por outro lado, a demonstração apresentada por Skyrms é considerada, atualmente (Howson & Urbach, 1993), como a demonstração do Teorema de Ramsey-de Finetti, que propiciou a convergência dos conceitos carnapianos (Ramsey) e bayesianos (de Finetti) de probabilidade, quando aplicados à lógica indutiva.

O ponto que tem sido foco de discussão quanto às probabilidades lógicas (indutivas e epistêmicas) é se elas se conformam, ou não, à axiomática de Kolmogorov, na qual se enquadrariam tanto como *limites de freqüência* como *subjetivas*. Como foi visto, probabilidades estimadas por limites de freqüência e as subjetivas atendem aos axiomas. Com esforço considerável, que passou pela inclusão de conceitos acessórios, como de plausibilidade, apostas justas (*fair bets* e *dutch book*), condicionalização e falibilidade, Skyrms (1975) apresentou e demonstrou convincentemente a aplicabilidade dos axiomas às probabilidades lógicas. Assim, é possível operá-las como probabilidades comuns.

O teorema estabelece que: "se p_i não satisfaz os axiomas de probabilidade, então há uma estratégia de apostas (estabelecimento de razões) e um conjunto S_i de resultados tal que, quem quer que siga esta estratégia de apostas terá uma soma finita de perdas, quaisquer que venham a ser os valores reais da hipótese imaginada para as razões".

A relevância do teorema está em um corolário que estabelece que: se uma freqüência relativa não atende aos axiomas de probabilidade, não pode ser considerada consistente na sustentação de uma hipótese. A seqüência imediata é que: "se os graus de crença são medidos por meio de chances, ditas razoáveis (não-tendenciosas, ou parcimoniosas), então a consistência exige que tais razões atendam os axiomas de probabilidade" (Howson & Urbach, 1993).

É pela valoração destas probabilidades ou graus de crença que se pode, neste contexto, quantificar a inferência em Epidemiologia.

Na aplicação da lógica indutiva à Epidemiologia, a probabilidade de a conclusão ser verdadeira não pode ser 1, ou tal conclusão seria tautológica e, portanto, dedutiva. Também não pode ser igual a 0, pois configuraria uma *contradição completa* (a negação de uma contradição é uma tautologia). Assim, a probabilidade indutiva de um argumento epidemiológico corresponde à condição: $0 < p < 1$.

O estudo da força de indução na Epidemiologia, ou de como as premissas se ligam à conclusão em argumentos epidemiológicos, envolve a proposição de uma estrutura axiomática (como em qualquer outra ciência). Tal estrutura está relacionada com as definições de probabilidades epistêmicas e indutivas, já apresentadas. Pode, também, ser descrita conforme a proposição de Skyrms (1971), da seguinte forma:

"1 A *probabilidade indutiva* de um *argumento* não se altera de pessoa para pessoa, nem de época para época. Depende, apenas, da força de evidência que as premissas do argumento proporcionam para a conclusão do mesmo argumento;

2 A *probabilidade epistêmica* de um *enunciado* altera-se de pessoa para pessoa e de época para época, de conformidade com a variação da extensão de conhecimento relevante possuído por determinada pessoa em determinada época;

3 A *probabilidade epistêmica* de um *enunciado*, para determinada pessoa, em determinada época, é igual à probabilidade indutiva do argumento que tenha o enunciado em causa como conclusão e cujas premissas contenham todos os conhecimentos factuais relevantes possuídos por aquela pessoa, naquela época."

A probabilidade indutiva é uma probabilidade condicional. Avalia a probabilidade de uma conclusão ser verdadeira, *dadas* as probabilidades epistêmicas das premissas. As premissas, por sua vez, são quantificáveis mediante as probabilidades epistêmicas, que podem ser expressas tanto como limites de freqüências como probabilidades subjetivas. Pelo item 3 acima, as probabilidades epistêmicas podem ser também probabilidades indutivas de argumentos anteriores.

Num argumento epidemiológico, a estrutura dos enunciados pode assumir diferentes formas de conjunção de probabilidades na configuração das premissas. O que distingue os diferentes tipos de planejamentos de estudos epidemiológicos – dos descritivos aos analíticos, estes podendo ser experimentais ou observacionais – é a maneira como as premissas são formuladas e dispostas.

Os argumentos serão mais ou menos fortes, se na configuração das premissas puderem ser incorporadas premissas, cujas probabilidades epistêmicas são, por sua vez, também, maiores ou menores. Por exemplo, premissas que incorporam pressupostos de aleatorização têm probabilidades epistêmicas maiores do que as que pressupõem a casualidade da alocação, como nos estudos observacionais. Esta diferença é devida à validade dos argumentos matemáticos, dos quais deriva o princípio da aleatorização (lei dos grandes números, teorema do limite central, etc.).

Por outro lado, enunciados que encerram conhecimento empírico exposto a um grande número de confirmações, ainda que não tenham sido objeto de confirmação mediante a determinação da probabilidade indutiva em argumentos anteriores, por si sós podem incorporar alta probabilidade epistêmica – alguns dos postulados de Koch valem-se desta propriedade.

Os trabalhos em Epidemiologia analítica, mesmo podendo usar procedimentos que determinem as probabilidades indutivas dos argumentos que apresentam, não o fazem. Com exceção das meta-análises, as pesquisas epidemiológicas se esgotam na discussão dos resultados da inferência estatística, sem sequer tentar usar a informação contida nas premissas sob a forma de probabilidade epistêmica dos enunciados. Todo o cuidado de configurar uma introdução, que reúna todo conhecimento pertinente sobre o assunto investigado, só se presta para justificar a formulação da hipótese. Esta hipótese, por sua vez, será reduzida a uma hipótese estatística, cuja formulação será do tipo $\mathbf{Pr(D|H_0)}$, cujas conseqüências da aceitação ou não-aceitação já foram discutidas em capítulo anterior.

Todo o trabalho de coletar informações por meio de observação cuidadosa, cujo planejamento exigiu todo um conhecimento sobre métodos epidemiológicos analíticos que impuseram restrições metodológicas severas, fica à mercê de um procedimento aritmético cujo resultado poderá, na melhor das hipóteses, possibilitar ao investigador concluir que a estrutura de dados que compõem as suas observações são ou não devidas a um tipo de acaso, que não guarda qualquer relação direta com o objeto de seu estudo. Na mais otimista das condições, a medida deste acaso pode indicar, quando muito, qual a probabilidade epistêmica do argumento estatístico utilizado.

Com base nesta tênue evidência, serão desenvolvidas todas as discussões e todas as conclusões da investigação. Todo o convencimento deverá ser suportado por argumentação discursiva. Nada da quantificação possível pelas probabilidades epistêmicas será utilizado na reconstrução dos argumentos da discussão. A conclusão será apoiada, pura e simplesmente, na convicção de que tais argumentos permitam. Nenhuma probabilidade indutiva é associada à conclusão.

Sob estas condições, fica evidente que, se não for utilizado um procedimento que quantifique a ligação entre as premissas e a conclusão, o argumento epidemiológico, por melhor formulado que seja, omite a medida da força com que as premissas estão ligadas à conclusão.

Entre as opções metodológicas disponíveis para medida da probabilidade indutiva de um argumento epidemiológico, alguns procedimentos podem ser avaliados. Atente-se para o fato de que a medida desta probabilidade não deve ser confundida com inferência estatística. Como já foi discutido, trata-se da medida da probabilidade da veracidade de uma hipótese (lógica e não estatística) frente a um conjunto de evidências (dados empiricamente observados, conclusões de argumentos anteriores, conhecimento científico vigente, etc.).

A transposição de inferência freqüentista como instrumento de medida de probabilidade indutiva tem apenas um exemplo possível em Epidemiologia. Nas meta-análises, a determinação de risco global, por meio da análise estratificada ou regressão logística, emula a determinação da probabilidade indutiva de um argumento epidemiológico que toma por premissas os valores dos riscos em diferentes estudos, como se fossem probabilidades epistêmicas. O principal viés de procedimentos deste tipo é não considerar as probabilidades epistêmicas como heterogêneas. Toda ponderação feita leva em conta apenas os tamanhos das amostras utilizadas em cada estrato. Outra limitação do modelo é a impossibilidade de hierarquizar as premissas: alguns dos estudos considerados tomaram outros estudos, incluídos na meta-análise como premissas em seus próprios argumentos.

Outra opção metodológica inclui a utilização dos procedimentos da *lógica fuzzy* (McNeill & Thro, 1994) que permitem a determinação da probabilidade indutiva, partindo das epistêmicas, por aproximações sucessivas. Em Epidemiologia, os exemplos são, ainda, apenas exploratórios. De qualquer forma, as aproximações utilizam regras de cálculo de probabilidade, tanto freqüentistas como bayesianas, e até mesmo métodos não-probabilísticos na tomada de decisões, uma vez que não estão (tais regras) sujeitas aos axiomas de Kolmogorov. A característica curiosa da lógica *fuzzy* é que as aplicações práticas do modelo estão muito mais avançadas do que a exploração da estrutura lógica da proposta. Existem inúmeras aplicações tecnológicas da lógica *fuzzy* no mercado e não se sabe explicar convincentemente como e por que funcionam. Pode vir a ser um modelo interessante na concepção de argumentos epidemiológicos no futuro.

O modelo para inferência na lógica indutiva mais explorado é, sem dúvida, o da inferência bayesiana. Não se trata, aqui, da inferência em estatística bayesiana, mas da aplicação dos conceitos deste tipo de raciocínio na determinação da probabilidade indutiva de um argumento epidemiológico, a partir das probabilidades epistêmicas das premissas (Howson & Urbach).

Lindley (1983, 1990) propõe a solução bayesiana para descrever a ligação entre as premissas e a conclusão. A probabilidade indutiva do argumento é definida como $\mathbf{Pr(C|P_i, Cn)}$, sendo $\mathbf{C}$ a conclusão, $\mathbf{P_i}$ o conjunto de premissas do argumento, representadas pelas observações feitas sobre a hipótese, e $\mathbf{Cn}$ o conhecimento acumulado que garante a relevância, tanto das ligações entre as premissas, como da pertinência das premissas propostas para o argumento e para a conclusão a que se quer chegar.

De acordo com este ponto de vista, todos os procedimentos para realização da inferência estão restritos, só e unicamente, ao cálculo de probabilidades. A matemática envolvida é aquela das probabilidades. Não há recurso adicional ou inserção de premissas não quantificáveis. As probabilidades usadas como epistêmicas são determinadas tanto por limite de freqüência, como por grau de crença, conforme seja o enunciado, do qual provieram.

A idéia básica é que a regra de Bayes vai transformar probabilidades tomadas *a priori*, propostas pelo conhecimento prévio que se tenha ou se suponha, em probabilidades *a posteriori*, por meio das verossimilhanças (as probabilidades epistêmicas). Assim, a probabilidade *a posteriori* quantifica a probabilidade indutiva da conclusão, expressa em grau de crença (ou intervalos de graus de crença). As premissas, através de suas probabilidades epistêmicas, estabelecem as verossimilhanças que possibilitam a determinação da probabilidade indutiva. A probabilidade *a priori* é composta por toda e qualquer informação que se tenha sobre a hipótese investigada.

Desta forma, um enunciado epidemiológico parte das informações obtidas em estudos descritivos e/ou estudos analíticos anteriores, que são usados da formulação da hipótese atual. Esta hipótese deve ser quantificada. Se houver medidas anteriores, a probabilidade *a priori* é o resultado de observações prévias, tanto como limites de freqüência como graus de crença. Se não houver qualquer informação disponível, mas uma grande convicção por parte do investigador, a probabilidade subjetiva pode (e deve) ser tomada *a priori*, garantidos os preceitos do teorema de Ramsey-de Finetti.

As premissas são tratadas como fonte de informação de probabilidades epistêmicas. Tais probabilidades são manipuladas pela regra de Bayes como verossimilhanças. Se os pressupostos quanto à natureza destas probabilidades permitirem aproximações assintóticas, o método é denominado de bayes empírico. Se, por outro lado, há necessidade de modelagens específicas para estabelecer as características que regem estas probabilidades, o método é chamado de bayesiano puro (Bernardinelli & Montomoli, 1992 e Gelman et al., 1997).

Assim, a probabilidade indutiva de um argumento epidemiológico é estabelecida como grau de crença, jamais como limite de freqüência. Prudentemente, os métodos de inferência sugerem que tais graus de crença sejam apresentados como intervalos que delimitam limites máximos e mínimos para o grau de crença de um argumento.

A construção do argumento epidemiológico depende, portanto, da formulação de enunciados pertinentes, cuja concatenação como premissas seja garantida por meio da coerência destes enunciados entre si e com a hipótese que se quer demonstrar. A coerência é resultado da utilização criteriosa dos conhecimentos disponíveis sobre o tema, arranjados conforme os preceitos de Hill (1965) e, se possível, dispostos sob a forma de causas necessárias e causas suficientes, segundo as propostas de Rothman (1986) e Rothman & Greenland (1998), de tal forma que as condições para que a conclusão tenha nexo com as premissas estejam garantidas.

A atribuição de probabilidades epistêmicas aos enunciados das premissas pode ser resultado de probabilidades subjetivas ou como limite de freqüências, atribuídas conforme os preceitos do teorema de Ramsey-de Finetti; pode, também, ser probabilidades atribuídas a argumentos estatísticos, tanto os provenientes de inferência freqüentista como os provenientes de inferência bayesiana: em qualquer das duas situações, a probabilidade indutiva do argumento estatístico deve ser tratada como grau de crença, quando quantificadas (ainda neste contexto, as probabilidades associadas às hipóteses sob o modelo de Neyman-Pearson não guardam relação com a probabilidade indutiva do argumento).

Finalmente, a probabilidade indutiva do argumento epidemiológico será determinada pela aplicação da regra de Bayes à probabilidade atribuída à hipótese, transformada pelas probabilidades epistêmicas dos enunciados que contêm as premissas. A probabilidade resultante deve ser apresentada como o intervalo do grau de crença que se atribui à conclusão do argumento epidemiológico.

Cálculo da probabilidade indutiva do argumento

Os procedimentos estatísticos de parametrização são casos particulares do método científico (Lindley, 1990). Às voltas com muitos dados, $x^{(n)}$ (não necessariamente replicados), a ciência elabora a hipótese H para explicar os dados e, então, propõe um experimento para testar H, cujo resultado x_{n+1} pode, ou não, suportar H. A descrição bayesiana deste procedimento é:

$$p(H|x^{(n+1)}) = [p(x_{n+1}|x^{(n)}, H) * p(H|x^{(n)})] / [p(x_{n+1}|x^{(n)})] \qquad [1]$$

Usualmente se supõe que, dado H, x_{n+1} e $x^{(n)}$ são independentes, então:

$$p(H|x^{(n+1)}) = [p(x_{n+1}| H) * p(H|x^{(n)})] / [p(x_{n+1}|x^{(n)})] \qquad [2]$$

Habitualmente, a apresentação do teorema de Bayes se dá pela opção [4] ou [5], que são as formas mais genéricas. Sejam E_o, E_1, E_2, ..., E_i, ...E_n um conjunto de eventos (premissas) mutuamente exclusivos e exaustivos e C a conclusão do argumento. E_o é a premissa inicial, ou a hipótese epidemiológica que se quer verificar. Desta forma, $p(E_o)$ é a probabilidade *a priori* do argumento, ou ainda, a probabilidade *a priori* de que a conclusão seja verdadeira. Sejam $E+$ a premissa verdadeira e $C+$ a conclusão verdadeira. Então, a probabilidade *a posteriori*, $p(Pos)$, pode ser descrita como:

$$p(Pos) = p(C+|E_i+) = p(E_i+|C+) * p(C+) / p(E_i+) \qquad [3]$$

$$p(C+|E_i+)=[p(E_i+|C+)*p(C+)]/[p(E_i+|C+)*p(C+)+p(E_i+|C-)*p(C-)] \quad [4]$$

$$[5]$$
$$p(Pos) = p(C+|E_i+) = \frac{p(E_i+|C+) * p(C+)}{p(E_i+|C+)*p(C+) + p[(E_i+)|(1-C+)] * p(1-C+)}$$

$$p(Pos) = p(C+|E_i+) = \frac{p(E_i+|C+) * p(C+)}{\sum_{1}^{n} p(E_i+|C+) * p(C+)} \qquad [6]$$

A equação [6] é uma generalização de [4] ou [5], que pode ser provada diretamente. Pode-se imaginar E_i como um conjunto de premissas, de tal forma que somente a verdadeira seja relevante. Sendo a *i*ésima premissa verdadeira, diz-se que o evento E_i+ ocorre. A observação do evento E_i+ muda a probabilidade *a priori* $P(E_0+)$ para uma probabilidade *a posteriori* $p(C+|E_i+)$. Observe-se que as probabilidades *a posteriori* têm soma igual a 1, uma vez que uma, e somente uma, conclusão é verdadeira. O denominador $p(E+)$ é uma média ponderada das probabilidades $p(E_i|C)$, cujos pesos são $p(E_i)$ e cuja soma é 1. A ocorrência de $E+$ aumenta a probabilidade de E_i, se $p(C|E_i)$ for maior do que a média de todos os $p(C|E_i)$s. A conclusão, cuja probabilidade é aumentada por $E+$ (no sentido de ser multiplicada pelo maior fator), é aquela para a qual $p(C+|E_i+)$ é a maior.

Verossimilhança

As probabilidades $p(E_i+|C+)$ são denominadas *verossimilhanças*. Especificamente, $p(E_i+|C+)$ é a verossimilhança dada a $C+$ por E_i+, ou a verossimilhança de $C+$ **dado** E_i+.

O método bayesiano compreende, em resumo, os seguintes passos (O'Hagan, 1994):

Verossimilhança: Obter a função de verossimilhança, i.é., $f(x|\theta)$. Este passo descreve o processo que dá origem aos dados x em termos dos parâmetros desconhecidos θ.

Priori: Obter a densidade *a priori* $f(\theta)$. A distribuição *a priori* expressa o que se conhece a respeito de θ antes de observar os dados.

Posteriori: Aplicar o teorema de Bayes para derivar a densidade *a posteriori* $f(x|\theta)$. Isto expressará o que se sabe sobre θ após a observação dos dados.

Inferência: Derivar os enunciados inferenciais apropriados para a distribuição posterior. Isto será, geralmente, planejado para evidenciar a informação expressa na distribuição *a posteriori*, e pode incluir inferências específicas, tais como estimativas no ponto, estimativas de intervalos ou probabilidades de hipóteses.

A transformação do teorema de Bayes pela apresentação de chances a priori (Opri) e de chances a posteriori (Opos), como a razão de $p/(1-p)$, e $RV(Ei+)$ como a razão das verossimilhanças quando $Ei+$ ocorre, tanto para $C+$ como para $C-$, possibilita a seguinte formulação:

$$p(C+|E_i+) = [p(E_i+|C+)*p(C+)] / [p(E_i+|C+)*p(C+)+p(E_i+|C-)*p(C-)]$$

$$1 / [p(C+|E_i+)] = [p(E_i+|C+) \star p(C+) + p(E_i+|C-) \star p(C-)] / [p(E_i+|C+) \star p(C+)]$$

$$1/[p(C+|E_i+)] = [p(E_i+|C+) \star p(C+)]/[p(E_i+|C+) \star p(C+)] + \{[p(E_i+|C-) \star p(C-)]/[p(E_i+|C+) \star p(C+)]\}$$

$$1 / [p(C+|E_i+)] = 1 + \{p(E_i+|C-) \star p(C-)] / [p(E_i+|C+) \star p(C+)]\}$$

$$1 / [p(C+|E_i+)] = 1 + \{p(E_i+|C-)] / [p(E_i+|C+) \star p(C-) / p(C+)]\}$$

$$\{1 / [p(C+|E_i+)]\} - 1 = 1 / RV(E_i+) \star 1 / O_{pri}$$

$$\{1 / [p(C+|E_i+)]\} - [p(C+|E_i+)/p(C+|E_i+)] = 1 / RV(E_i+) \star 1 / O_{pri}$$

$$\{1 - [p(C+|E_i+)]\} / p(C+|E_i+) = 1 / RV(E_i+) \star 1 / O_{pri}$$

$$1 / O_{pos} = 1 / RV(E_i+) \star 1 / O_{pri}$$

$$O_{pos} = RV(E_i+) \star O_{pri}, \text{ ou}$$

$$O_{pos} = O_{pri} \star RV(E_i+) \qquad [7]$$

Sempre que E_i+ ocorrer, uma premissa subseqüente pode ser usada. Assim, O_{pos} é a chance da conclusão, ou seja, a medida da probabilidade indutiva do argumento; O_{pri} é a chance da hipótese epidemiológica ($p(E_0)$), ou seja, a medida da probabilidade atribuída, pelo investigador *a priori*, e as $RV(E_i+)$ as probabilidades epistêmicas das premissas utilizadas no argumento. Assim, na presença de **n** premissas, cujas probabilidades são atribuídas pelas suas respectivas verossimilhanças, a probabilidade indutiva do argumento é dada pelo produto entre as **n** verossimilhanças, da primeira à enésima, e a probabilidade dada *a priori* pela hipótese epidemiológica avaliada:

$$O_{pos} = O_{pri} \star \prod RV(E_i+) - (\textbf{Regra de convergência}) \qquad [8]$$

A convergência epistêmica da Indução

A probabilidade indutiva de um argumento (expressa como a chance *a posteriori*) é obtida pelo cálculo resultante do produto entre a probabilidade da hipótese a ser testada ser verdadeira (expressa como a chance *a priori*) e o produto das razões de verossimilhança obtidas das probabilidades epistêmicas das premissas.

Sejam **n RV(E_i+)** as premissas às quais se submetem a O_{pri} e as O_{pos} subseqüentes, tal que:

$$O_{pos1} = O_{pri} * RV(E_1+)$$

$$O_{pos2} = O_{pos1} * RV(E_2+), \text{ ora, } O_{pos1} = O_{pri} * RV(E_1+), \text{ então,}$$

$$O_{pos2} = O_{pri} * RV(E_1+) * RV(E_2+) \text{ e assim sucessivamente até que}$$

$$O_{posn} = O_{pri} * \prod RV(E_i+) - \text{sendo } \prod \text{ o produto das } \mathbf{RV} \text{ da } 1^a \text{ à } \mathbf{n}^{ésima}.$$

$$\mathbf{p(Pos)} = O_{posn} / (1 + O_{posn}) \Leftrightarrow O_{posn} = \mathbf{p(Pos_n)} / [1 - \mathbf{p(Pos_n)}]$$

Assim, a construção dos argumentos em Epidemiologia obedece a uma estrutura paradigmática estabelecida. De volta ao conceito epidemiológico de causa, a estrutura de construção de argumentos tem seguido, com certa fidelidade, os critérios de avaliação de causalidade propostos por Hill (1965). Força da associação, consistência, especificidade, temporalidade, gradiente biológico, plausibilidade, coerência, evidência experimental e analogia são os nove mandamentos da Epidemiologia Analítica.

As discussões sobre *inferência causal* acabaram por gerar um texto editado por Rothman (1988), no qual diferentes autores, com diferentes tendências filosóficas, epistemológicas e mesmo técnicas, se debruçam sobre o assunto.

No texto, toda sorte de opiniões e propostas é aventada. As idéias são apresentadas sob a forma de teses, seguidas de comentários e de defesas e ajustes das teses originais, cujos títulos são parecidos com os do presente trabalho, mas cujo conteúdo trata principalmente dos cuidados para com a organização, elaboração e descrição dos enunciados de argumentos na inferência em Epidemiologia. Foram discutidas, desde formas de como transformar os critérios de Hill em axiomas popperianos (críticas ao referencial popperiano, seja sob argumentos probabilísticos freqüentistas ou subjetivos, seja sob o referencial de abordagens bayesianas), até tratamentos puramente filosóficos e epistemológicos do assunto. Cabe bem lembrar Bertrand Russel (Rothman, 1988), que com suas críticas ao método científico lança mão de uma falácia comum em toda ciência empírica, cuja tradução pode ser a seguinte:

"Temos…o procedimento comum de indução: 'se **p** então **q**; ora, **q** é verdade; portanto **p** é verdade'. Ex.: 'Se os porcos têm asas, então alguns animais alados são comestíveis; ora, alguns animais alados são comestíveis; portanto, os porcos têm asas'. Esta forma de inferência é chamada de 'método científico'…"

Referências bibliográficas

BERNARDINELLI, L., MONTOMOLI, C. Empirical Bayes versus fully Bayesian analysis of geographical variation in disease risk. *Statistics in Medicine*, 11: 983-1007, 1992.

EFROM, B. R. A. Fisher in 21st Century: invited paper presented at 1996 R.A. Fisher Lecture. *Statistical Science*, 13: 95-122, 1998.

GELMAN, A.; CARLIN, J. B.; STERN, H. S.; RUBIN, D. B. *Bayesian Data Analysis*. Londres, Chapman & Hall, 1997. pp 526.

HEGENBERG, L. *Etapas da Investigação Científica – Observação, medida e indução*. Volume 1, São Paulo, Edusp, 1976 a.

HEGENBERG, L. *Etapas da Investigação Científica – Leis, teorias e métodos*. Volume 2, São Paulo, Edusp, 1976 b.

HILL, A. B. Environment and Disease: Association or Causation? *Proceedings of The Royal Society of Medicine*, 58: 295-300, 1965.

HOWSON, C., URBACH, P. *Scientific Reasoning – The Bayesian Approach*. 2ª ed., Chicago, Open Court, 1996.

KOLMOGOROV, A. N. *Foundations of the Theory of Probability*. 2ª ed. (em inglês), Nova York, Chelsea Publishing Company, 1956. Primeira edição, em alemão, 1933.

KUHN, T.S. *A estrutura das revoluções científicas*. 2ª ed. São Paulo, Editora Perspectiva, 1978.

LINDLEY, D. V. Theory and Practice of Bayesian Statistics. *The Statistician*, 32; 1-11, 1983.

LINDLEY, D. V. The 1988 Wald Memorial Lectures: the present position of Bayesian Statistics. *Statistical Science* 5 (1): 44-89, 1990.

MCNEILL, F. M., THRO, E. *Fuzzy Logic – a practical approach.* Londres, Academic Press, 1994. p 292.

MIETTINEN, O. S. *Theoretical Epidemiology – Principles of occurrence research in Medicine.* Nova York, John Wiley and Sons, 1985.

NEYMAN, J. *Probabilidade Freqüentista e Estatística Freqüentista.* Rio de Janeiro, IMPA, 1978.

NEYMAN, J., PEARSON, E. S. *Joint Statistical Papers.* Cambridge, Cambridge University Press, 1967. Artigos publicados, originalmente, entre 1928 e 1938.

O'HAGAN, A. *Kendall's Advanced Theory of Statistics – Bayesian Inference.* Volume 2B, Nova York, Halsted Press, 1994.

ROTHMAN, K. J. *Modern Epidemiology.* Boston, Little, Brown and Company, 1986.

ROTHMAN, K. J. (ed) *Causal Inference.* Chesnut Hill (Ma), Epidemiology Resources Inc., 1988.

SKIRMS, B. *Escolha e Acaso – Uma Introdução à Lógica Indutiva.* São Paulo, Editora Cultrix – Edusp, 1971.

SKIRMS, B. *Choice and Chance – An Introduction to Inductive Logic.* 2ª ed., Encino (Ca), Dickenson Publishing Company, Inc, 1975.

3 TRANSPORTE LINEAR COM DADOS ALEATÓRIOS

M. Cristina C. Cunha, Fábio A. Dorini

1 Introdução

A utilização de equações diferenciais na representação de princípios físicos de conservação de massa, energia e momento é uma das mais importantes aplicações do cálculo diferencial. O exemplo clássico são as equações de Euler usadas no estudo do deslocamento de fluidos. Equações diferenciais determinísticas (dados e soluções exatos) têm sido usadas com sucesso por mais de três séculos recebendo novo impulso quando os computadores permitem, por meio dos métodos numéricos, soluções aproximadas para problemas práticos cada vez mais complexos.

Não há dúvidas sobre as vantagens de uma abordagem determinística. Mas há dúvidas, ou incertezas, sobre os dados que alimentam estes modelos e que são decisivos nas respostas a eles associadas. Em geral, os parâmetros que caracterizam os meios e os materiais em análise são estimados experimentalmente. E, como sabemos, a Natureza pode caprichar na variabilidade destes parâmetros. Citamos como exemplo a permeabilidade de um meio poroso, um dado fundamental na análise de aqüíferos e reservatórios de petróleo.

Nas últimas décadas, estudiosos têm avançado na utilização de processos estocásticos para lidar com incertezas em dados que alimentam equações diferenciais usadas como modelos matemáticos de processos físicos. Neste sentido, as incertezas são quantificadas por suas probabilidades e/ou momentos estatísticos. A base matemática para a solução prática de problemas desta natureza ainda não está completa. A teoria dos métodos que usam integrais de Ito, Martingale, ou medidas de Wiener (Sobczyk, 1985 e Soong, 1973) é a mais desenvolvida e, do ponto de vista mais prático, simulações usando métodos do tipo Monte Carlo têm sido úteis.

Resolver uma equação diferencial com dados aleatórios é procurar um processo estocástico, que seja descrito estatisticamente. Uma alternativa que tem se mostrado útil consiste em obter equações que governam os primeiros momentos estatísticos da solução procurada. Equações determinísticas para os momentos são estabelecidas, em geral, a partir da equação original e, em termos práticos, apenas os primeiros momentos são suficientes para uma boa estimativa da variabilidade do processo estocástico procurado. Em particular, no caso do primeiro momento, na média, estas equações têm sido denominadas equações efetivas.

Entretanto, uma descrição completa da solução estocástica seria por meio de sua função densidade de probabilidade numa infinidade de pontos da região onde o problema está definido; mais especificamente uma função densidade de probabilidade conjunta. Os métodos diretos que buscam a variável aleatória em solução acompanhada de sua função densidade de probabilidade são denominados *PDF methods*.

Nosso objetivo neste trabalho é apresentar um procedimento que se enquadra nesta última categoria, para uma equação clássica da matemática que é usada no transporte linear com dados iniciais que definem um problema de Riemann. Para exemplificar, o modelo da concentração, ou densidade, de uma substância química transportada por um fluido com velocidade conhecida consiste, no caso determinístico, em encontrar uma função $u(x,t)$ que satisfaça as seguintes condições:

$$\begin{cases} u_t + a(x)u_x = 0 \\ u(x,0) = u_0(x). \end{cases} \tag{1.1}$$

O método das características é usado para mostrar que a solução pode ser escrita na forma $u(x,t) = u_0(x - at)$. Em termos práticos, não devemos esperar que os dados deste problema sejam conhecidos exatamente. De fato, para ser mais fiel ao processo físico, seria interessante tratar a velocidade $a(x)$ e a condição inicial $u_0(x)$ como variáveis aleatórias. Encaminhando desta forma, a formulação estocástica de (1.1) será escrita como:

$$U_t + A\,U_x = 0$$
$$U(0,x) = U_0, \tag{1.2}$$

com

$$A = A(w), \qquad w \in \Omega$$
$$U_0 = U_0(x,w), \quad x \in \Re, \quad w \in \Omega$$

onde Ω é o espaço amostral do espaço de probabilidades. Aqui vamos admitir que as funções de distribuição cumulativa destes dados também são fornecidas.

A equação diferencial (1.2) pode ser resolvida como uma família de equações dependentes do parâmetro w. Para realizações individuais das variáveis aleatórias A e U_0 temos um problema determinístico a ser resolvido. Sob este ponto de vista definimos uma função $U(x,t,w)$. Este seria, por exemplo, o caminho dos métodos Monte Carlo.

Como primeiro passo da nossa abordagem, vamos admitir que temos informações precisas sobre a velocidade e, usando o método das características, vamos reescrever o problema na forma de um sistema, no qual a primeira equação é determinística e a segunda equação aleatória:

$$\begin{cases} \dfrac{d\,x}{d\,t} = a, \quad x(0) = x_0 \\[2mm] \dfrac{d\,U(x(t),t)}{d\,t} = 0, \quad U(x,0) = U_0. \end{cases} \tag{1.3}$$

A primeira equação fornece as retas características $x(t) = x_0 + a\,t$ e a segunda equação é estocástica ao longo destas retas características. A formulação (1.3) é conveniente em nossos argumentos, pois nos permitirá uma expressão para o caso mais geral, no qual a velocidade também é uma variável aleatória. Dado um ponto (x,t), a cada realização da segunda equação de (1.3) obtemos a solução explícita $U_0(x_0)$ e, portanto, para cada $w \in \Omega$, temos uma função

$$(x,t) \to U(x,t,w) = U_0(x - at, w)$$

que resolve (1.3). Desta forma, para valores exatos da velocidade, a condição inicial, definida como um processo estocástico, é "transportada" ao longo das retas características.

Na seção seguinte, apresentamos uma fórmula para a solução da equação do transporte linear com dados aleatórios, problema (1.2). Também comparamos nossa proposta com uma abordagem conhecida para a equação do primeiro momento estatístico deste problema.

2 O problema de Riemann

Nesta seção, tomamos a seguinte condição inicial em (1.3):

$$U(x,0) = \begin{cases} U_0^+(w), & x > 0 \\ U_0^-(w), & x < 0. \end{cases}$$

Desta forma, temos um problema de Riemann para a equação advectiva linear. O problema de Riemann tem um papel importante na solução, tanto analítica quanto numérica, de equações diferenciais hiperbólicas. Em particular, a solução do problema de Riemann para a equação linear é importante na elaboração de métodos de alta resolução para leis de conservação não-lineares, $u_t + \left(f(u)\right)_x = 0$ (LeVeque, 2002). Acreditamos que este caminho também pode ser útil no caso de equações estocásticas. Assim, vamos considerar o problema

$$\begin{cases} \dfrac{dX}{dt} = A(w), \quad X(0) = x_0 \\ \dfrac{dU(X,t)}{dt} = 0, \quad U(x,0) = \begin{cases} U_0^+(w), & x > 0 \\ U_0^-(w), & x < 0 \end{cases} \end{cases} \qquad (2.1)$$

no qual as variáveis aleatórias fornecidas são independentes da variável espacial x. Estaremos admitindo que as variáveis aleatórias U_0^-, o estado à esquerda, U_0^+, o estado à direita, e A, a velocidade, são conhecidas. Suponhamos, também, que suas funções de distribuição cumulativa, aqui denotadas por F_{U^+}, F_{U^-}, F_A, respectivamente, são conhecidas.

Como a idéia é usar uma espécie de separação parcial de variáveis, por meio de (1.3), focamos realizações parciais de (2.1) tomando apenas em $A(w)$, $w \in \Omega$. Este procedimento pode ser visto como o desacoplamento do sistema (2.1), deixando os dados U_0^- e U_0^+ fora das realizações.

Para simplificar nossa argumentação, consideramos a distribuição da variável A variando continuamente num intervalo de comprimento finito, denotado por $\left[a_m, a_M\right]$, $a_m < a_M$, e designaremos por $F_A(a) = P\left(\{A \le a, a_m \le a \le a_M\}\right)$ sua função de distribuição cumulativa. Entretanto, nossos argumentos podem ser estendidos para intervalos infinitos.

Como vimos anteriormente, para cada $w \in \Omega$ temos uma função estocástica $(x,t) \to U_0(x - A(w)t)$, isto é, a condição inicial calculada no ponto $x_0 = x - A(w)t$. Como ilustrado na Figura 1, fixado o ponto (x,t), temos

$$x - a_M t \le x_0 \le x - a_m t$$

e, portanto, a solução num ponto arbitrário $(\bar{x}, \bar{t})$ depende apenas dos dados iniciais no intervalo $\left[\bar{x} - a_M \bar{t}, \bar{x} - a_m \bar{t}\right]$. Como mostrado na Figura 1, este intervalo é definido pelas duas características que partem do ponto $(\bar{x}, \bar{t})$: $\bar{x} - a_M \bar{t}$ = constante e $\bar{x} - a_m \bar{t}$ = constante. O intervalo $\left[\bar{x} - a_M \bar{t}, \bar{x} - a_m \bar{t}\right]$ será denominado *intervalo de dependência* do ponto $(\bar{x}, \bar{t})$, uma imitação da denominação usada nas equações da onda.

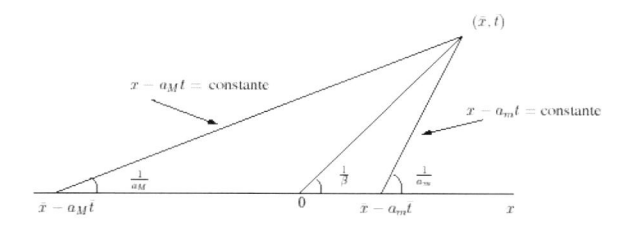

Figura 1 – Intervalo de dependência.

Para separar as contribuições que os estados à esquerda, U_0^-, e à direita, U_0^+, fornecem à solução do problema no ponto $(\bar{x}, \bar{t})$ é conveniente definir uma nova variável $\beta = \bar{x}/\bar{t}$ e os seguintes conjuntos disjuntos:

$$M^- = \left\{ a \mid x_a = \bar{x} - a\bar{t} \le 0 \right\} \text{ e } M^+ = \left\{ a \mid x_a = \bar{x} - a\bar{t} > 0 \right\}.$$

Comparando as direções das retas características, podemos reescrever estes conjuntos nas seguintes formas (veja a Figura 1):

$$M^- = \left\{ a \mid \frac{1}{a_M} < \frac{1}{a} \le \frac{1}{\beta} \right\} = \left\{ a \mid \beta \le a < a_M \right\}$$

e

$$M^+ = \left\{ a \mid \frac{1}{\beta} < \frac{1}{a} < \frac{1}{a_m} \right\} = \left\{ a \mid a_m < a < \beta \right\} .$$

Desta forma, podemos concluir que a probabilidade de ocorrência dos conjuntos M^+ e M^- pode ser calculada usando diretamente a função de distribuição cumulativa da variável velocidade:

$$P(M^+) = F_A(\beta) = \theta \text{ e } P(M^-) = 1 - F_A(\beta) = 1 - \theta . \tag{2.2}$$

Se dividirmos o semiplano $t \ge 0$ em três regiões, como está ilustrado na Figura 2:

R_1 : (x,t) tal que $x < a_m t$
R_2 : (x,t) tal que $a_m t \le x \le a_t$
R_3 : (x,t) tal que $x > a_M t$

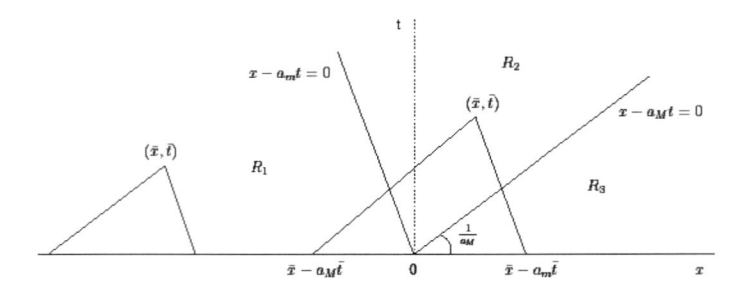

Figura 2 – Semiplano $t \ge 0$ dividido em três regiões.

temos a seguinte:

Proposição: Seja $(\bar{x}, \bar{t})$, $\bar{t} > 0$, um ponto arbitrário e $\beta = \bar{x}/\bar{t}$. A solução de (2.1) é a variável aleatória definida por

$$U(\bar{x}, \bar{t}) = (1 - X)\, U_0^- + X\, U_0^+, \qquad (2.3)$$

onde X é uma variável aleatória de Bernoulli com $P(X = 1) = F_A(\beta)$ e $P(X = 0) = 1 - F_A(\beta)$.

Prova:
Caso 1: Se $(\bar{x}, \bar{t}) \in R_1$ então $\bar{x} - a_m \bar{t} < 0$, como ilustrado na Figura 2. Como o intervalo de dependência é $\left[\bar{x} - a_M \bar{t},\, \bar{x} - a_m \bar{t}\right]$, concluímos que todos os pontos deste intervalo são negativos e, portanto, apenas o estado à esquerda, U_0^-, será transportado pelas características. Desta forma, se $(\bar{x}, \bar{t}) \in R_1$, a solução será $U(\bar{x}, \bar{t}) = U_0^-$ com probabilidade um, isto é, a expressão (2.3) com $F_A(\beta) = 0$.

Caso 2: Se $(\bar{x}, \bar{t}) \in R_3$, então $\bar{x} - a_M \bar{t} > 0$ e, já que $\beta > a_M$, $F_A(\beta) = 1$. Neste caso, todos os pontos do intervalo de dependência estão no semi-eixo positivo de x e, portanto, apenas o estado à direita, U_0^+, será transportado ao longo das retas características. Sendo assim, a solução é $U(\bar{x}, \bar{t}) = U_0^+$ com probabilidade um, ou (2.3) com $F_A(\beta) = 1$.

Caso 3: Se $(\bar{x}, \bar{t}) \in R_2$, podemos dividir o intervalo de dependência em dois subintervalos: $\left[\bar{x} - a_M \bar{t},\, 0\right] = I^-$ e $\left[0,\, \bar{x} - a_m \bar{t}\right] = I^+$, como ilustra a Figura 2. Nas realizações tais que $x_0 = \bar{x} - A(w)\,\bar{t} \in I^-$, apenas o estado à esquerda contribuirá. Por outro lado, temos que $x_0 = \bar{x} - A(w)\,\bar{t} \in I^-$ se, e só se, $A(w) \in M^-$ e, portanto, a probabilidade de ocorrência de I^- é igual à probabilidade de ocorrência de M^-: $P(I^-) = P(M^-) = 1 - \theta$, onde $\theta = F_A(\bar{x}/\bar{t})$, como visto em (2.2). Podemos argumentar de forma análoga nas realizações tais que $x_0 = \bar{x} - A(w)\,\bar{t} \in I^+$: a contribuição será apenas do estado à direita e a probabilidade de ocorrência é $P(I^+) = P(M^+) = \theta$. Finalmente, podemos voltar para o caso geral, com realizações cujas contribuições podem ser tanto do estado à esquerda quanto do estado à direita.

Neste caso, podemos colocar "pesos" considerando as probabilidades de ocorrência dos estados à esquerda e à direita, ou seja, $U(\bar{x},\bar{t}) = (1-X)\,U_0^- + X\,U_0^+$, onde X é uma variável aleatória de Bernoulli com $P(X = 1) = F_A(\beta)$ e $P(X = 0) = 1 - F_A(\beta)$.

A expressão (2.3) e o argumento usado no final da prova foram inspirados em algumas aplicações da distribuição de Bernoulli, por exemplo, nos cálculos da permeabilidade em uma formação com dois elementos (Corbett et al., 2000).

Corolário 1: A solução de (2.1) é constante ao longo dos raios $\bar{x}/\bar{t} = \beta = $ constante.

Prova:
O resultado segue diretamente da expressão (2.3): se $\bar{x}/\bar{t} = $ constante temos $\theta = F_A(\bar{x}/\bar{t}) = $ constante. Com este corolário mostramos que a solução também é auto-similar no caso estocástico, propriedade da solução no caso determinístico.

Corolário 2: Fixado $(\bar{x},\bar{t})$, $\theta = F_A(\beta)$, $\beta = \dfrac{\bar{x}}{\bar{t}}$, e considerando que A é independente de ambos U_0^- e U_0^+, a média da solução de (2.1) é

$$\bar{U}(\bar{x},\bar{t}) = (1-\theta)\,\bar{U}_0^- + \theta\,\bar{U}_0^+ = ,$$
$$= \bar{U}_0^- + \theta\,(\bar{U}_0^+ - \bar{U}_0^-), \qquad (2.4)$$

e a variância é

$$Var[U(\bar{x},\bar{t})] = (1-\theta)\,Var[U_0^-] + \theta\,Var[U_0^+] +$$
$$+ \theta(1-\theta)\,(\bar{U}_0^- - \bar{U}_0^+)^2. \qquad (2.5)$$

Prova:
A primeira expressão em (2.4) segue diretamente da independêcia das variáveis aleatórias e pelo fato de que $\bar{X} = F_A(\beta) = \theta$, isto é, de (2.3) temos:
$$\bar{U}(\bar{x},\bar{t}) = \overline{(1-X)U_0^- + XU_0^+} = (1-\bar{X})\,\bar{U}_0^- + \bar{X}\,\bar{U}_0^+ = (1-\theta)\,\bar{U}_0^- + \theta\,\bar{U}_0^+$$

A segunda expressão em (2.4) é apenas um rearranjo da primeira.

Para provar (2.5) primeiro observamos que $\overline{X} = \overline{X^2} = \theta$ e, usando as propriedades de média e variância, temos que:

$$Var[U(\overline{x},\overline{t})] = Var[(1-X)U_0^- + XU_0^+] - \overline{[(1-X)U_0^- + XU_0^+]}^2 =$$
$$= \overline{(U_0^-)^2} - 2\overline{X(U_0^-)^2} + \overline{X^2(U_0^-)^2} + 2U_0^- U_0^+ [\overline{X} - \overline{X^2}] + \overline{X^2(U_0^+)^2} -$$
$$- [(1-\overline{X})\overline{U_0^-} + \overline{X}\overline{U_0^+}]^2 = (1-\theta)\overline{(U_0^-)^2} + \theta\overline{(U_0^+)^2} - [(1-\theta)\overline{U_0^-} + \theta\overline{U_0^+}]^2 =$$
$$= (1-\theta)Var[U_0^-] + \theta Var[U_0^+] + \theta(1-\theta)(\overline{U_0^-} - \overline{U_0^+})^2.$$

Na Figura 3, apresentamos uma ilustração do gráfico da média no tempo fixado, $t = T$, i.é., o gráfico de $\overline{U}(x,T)$. Este gráfico é obtido diretamente da segunda expressão de (2.4). De fato, se $(x,T) \in R_1$, $\theta = 0$ e a solução é o estado à esquerda, U_0^-; se $(x,T) \in R_3$, $\theta = 1$, e a solução é o estado à direita. Finalmente, se $(x,T) \in R_2$ usamos $\theta = F_A(x/T)$. Este gráfico mostra o comportamento difusivo da média no intervalo $a_m T \le x \le a_M T$, chamado zona de mistura por autores que estudam equações estocásticas por meio das equações da média. O comprimento da zona de mistura, no nosso caso $(a_M - a_m)T$, nos diz que o crescimento da zona de mistura é proporcional ao tempo do processo. No gráfico de $\overline{U}(x,T)$, a zona de mistura é o estado à esquerda somado a uma deformação da função de distribuição cumulativa da velocidade, i.é., a multiplicação desta função pelo salto das médias dos estados à direita e à esquerda.

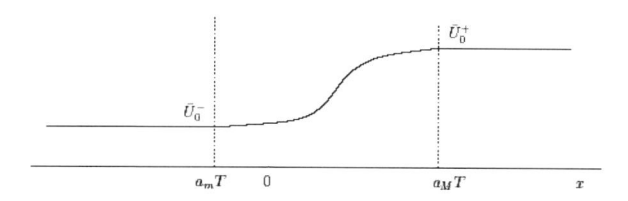

Figura 3 – $\overline{U}(x,T)$, T fixo.

3 Equação efetiva: uma comparação

Uma metodologia amplamente usada na modelagem estocástica tem como base a construção de equações diferenciais que os momentos estatísticos da solução devem satisfazer. Em especial, a equação diferencial do primeiro momento, a média ou esperança tem sido bastante usada (Zhang, 2002 e Dagan, 1989). A equação da média é conhecida como equação efetiva, uma equação determinística que é o modelo na escala maior (macro). Nesta seção, comparamos nossa proposta com uma equação efetiva disponível na literatura (Furtado e Pereira, 1998).

O modelo mais simples para o fluxo em meios porosos de dois fluidos miscíveis e com a mesma viscosidade é a equação do transporte linear:

$$\frac{\partial c}{\partial t} + v\frac{\partial c}{\partial x} = 0 \ , \tag{3.1}$$

em que se representa o campo de velocidade externa, definido pela lei de Darcy, e alguma estatística da permeabilidade do meio que depende da geologia (Dagan, 1989). Este modelo também pode ser usado na análise do transporte de solutos, o que pode incluir o estudo de traçadores em reservatórios de petróleo e problemas ambientais. Como apontam muitos autores – Zhang, 1995, por exemplo – a maior influência da variação aleatória da velocidade é o surgimento de dispersão no fluxo, não existente no caso determinístico. Assim, se a velocidade é uma variável aleatória, o modelo é estocástico e a equação diferencial que define a média desta variável aleatória adquire um termo de difusão. Resultados experimentais também mostram que o coeficiente da dispersão associada à velocidade não é constante, e cresce sistematicamente (Glimm e Sharp, 1999).

Para a análise quantitativa desta dispersão, a velocidade em (3.1) é escrita como a soma de sua média e flutuação, $v = \bar{v} + \delta v$. Procedendo-se à expansão da solução de (3.1) em potências de δv e, usando-se algumas técnicas matemáticas, a equação efetiva é obtida:

$$\frac{\partial \bar{c}}{\partial t} + \bar{v}\frac{\partial \bar{c}}{\partial x} - D(t)\frac{\partial^2 \bar{c}}{\partial x^2} = 0 \ . \tag{3.2}$$

onde o coeficiente de dissipação depende do tempo (veja, por exemplo, Glimm e Sharp, 1999 e suas referências):

$$D(t) = \int_0^t \langle \delta v(x - st) \delta v(x) \rangle ds \ .$$

Se a condição inicial para (3.2) é a função de Heaviside:

$$\bar{c}(x,0) = H(-x) = \begin{cases} 1, & x < 0 \\ 0, & x > 0 \end{cases} , \tag{3.3}$$

pode-se verificar diretamente que a solução de (3.2)-(3.3) é

$$\bar{c}(x,t) = \frac{1}{2} \left\{ 1 - \frac{2}{\sqrt{\pi}} \int_0^{\frac{x-\bar{v}t}{l(t)}} e^{-\alpha^2} d\alpha \right\} \tag{3.4}$$

e o comprimento da zona de mistura é (Furtado e Pereira, 1998):

$$l(t) = 2 \left[\int_0^t D(\alpha) \, d\alpha \right]^{1/2} . \tag{3.5}$$

Voltando-se à metodologia proposta na seção anterior, tomando-se a mesma condição inicial, o problema se escreve como:

$$\begin{cases} \dfrac{\partial C}{\partial t} + v \dfrac{\partial C}{\partial x} = 0 \\ C(x,0) = \begin{cases} 1, & x < 0 \\ 0, & x > 0 \end{cases} \end{cases} \tag{3.6}$$

Se denotarmos por $\phi(z)$ a função de distribuição cumulativa da velocidade v, a média da solução para (3.6) é dada por (2.4):

$$\overline{C}(x,t) = \overline{C_0^-} + (\overline{C_0^+} - \overline{C_0^-}) \, \phi(x/t) = 1 - \phi(x/t) \ . \tag{3.7}$$

No caso de velocidade com distribuição normal, média v e variância σ:

$$\phi(z) = \frac{1}{\sqrt{2\pi}\sigma} \int_{-\infty}^{z} e^{-\frac{(y-\bar{v})^2}{2\sigma^2}} \, dy \ ,$$

temos $\phi(x/t) = \dfrac{1}{\sqrt{2\pi}\,\sigma}\displaystyle\int_{-\infty}^{x/t} e^{-\frac{(y-\bar{v})^2}{2\sigma^2}}\,dy$.

Usando a mudança de variáveis $\alpha = \dfrac{y-\bar{v}}{\sigma}$, temos

$$\phi(x/t) = \frac{1}{\sqrt{\pi}}\int_{-\infty}^{\frac{x-\bar{v}t}{\sqrt{2}\sigma t}} e^{-\alpha^2}\,d\alpha = \frac{1}{\sqrt{\pi}}\int_{-\infty}^{0} e^{-\alpha^2}\,d\alpha + \frac{1}{\sqrt{\pi}}\int_{0}^{\frac{x-\bar{v}t}{\sqrt{2}\sigma t}} e^{-\alpha^2}\,d\alpha =$$

$$= \frac{1}{2} + \frac{1}{\sqrt{\pi}}\int_{0}^{\frac{x-\bar{v}t}{\sqrt{2}\sigma t}} e^{-\alpha^2}\,d\alpha \cdot$$

Usando esta última expressão em (3.7), obtemos a expressão para a média da solução:

$$\overline{C}(x,t) = \frac{1}{2} - \frac{1}{\sqrt{\pi}}\int_{0}^{\frac{x-\bar{v}t}{\sqrt{2}\sigma t}} e^{-\alpha^2}\,d\alpha \ . \tag{3.8}$$

Mostramos, assim, que as duas metodologias fornecem expressões semelhantes para a média da solução. De fato, a expressão (3.4), obtida pela equação efetiva, será igual a (3.8), a média fornecida por (2.4), se o comprimento da zona de mistura é $l(t) = \sqrt{2}\sigma\, t$, ou ainda, usando-se (3.5), se o coeficiente de dispersão da equação efetiva for:

$$D(t) = \sigma^2\, t \ .$$

4 Conclusões

Neste trabalho, apresentamos uma expressão explícita para a solução do problema de Riemann para a equação do transporte linear com dados aleatórios. Até aonde chega nosso conhecimento, esta abordagem não aparece na literatura e acreditamos que ela possa ser útil em procedimentos numéricos para o caso não-linear, assim como é nas equações diferenciais determinísticas. A expressão (2.3) nos diz que, uma vez conhecida a estatística da velocidade, o comportamento local da solução será conhecido. A comparação com o caso, no qual a solução da equação efetiva é conhecida, é animadora.

Referências bibliográficas

CORBETT, P. W.; GOGGIN, D. J. ; JENSEN J. L.; LAKE, L. W. (2000) *Statistics for Petroleum Engineers and Geoscientists*. 2ª ed. Elsevier Science B. V.

DAGAN, G. (1989) *Flow and Transport in Porous Formations*. Springer-Verlag.

FURTADO, F.; PEREIRA, F. (1998) Scaling analysis for two-phase immiscible flow in heterogeneous porous media, *Computational and Applied Mathematics*, 17(3), pp.237-263.

GLIMM, J.; SHARP, D. (1999) Stochastic Partial Differential Equations: Selected applications in continuum physics, in *Stochastic Partial Differential Equations: six perspectives*. Ed. by R. Carmona and B. Rozovskii, Am. Math. Soc.

LEVEQUE, R. J. (2002). *Finite Volume Methods for Hyperbolic Problems*. Cambridge University Press.

SOBCZYK, K. (1985). *Stochastic Wave Propagation,* Elsevier-PWN Polish Scientific Pub.

T. T. SOONG (1973). *Random Differential Equations in Sciences and Engineering*, Academic Press.

ZHANG, Q. (1995) The transient behavior of mixing induced by a random velocity field, *Water Research Resources*, 31(3), pp. 577-591.

ZHANG, D. (2002) *Stochastic Methods for Flow in Porous Media*. Academic Press.

4 ROTAÇÕES EM BIOMECÂNICA USANDO QUATÉRNIOS: FORMULAÇÃO TEÓRICA E EXEMPLO DE APLICAÇÃO

Sergio A. Cunha, Paulo R. P. Santiago, Antonio S. Cardoso Jr., M. Cristina C. Cunha

1 Introdução

O estudo do movimento do corpo humano é de grande importância para a biomecânica. Em geral, o corpo humano é modelado como um conjunto de segmentos rígidos e articulados. O movimento mais geral de um corpo rígido no espaço tridimensional envolve translação e rotação, isto é, fica completamente determinado pela sua posição (translação) e sua orientação (rotação) em relação a um sistema de coordenadas.

Várias abordagens matemáticas são utilizadas para descrever o componente rotacional do movimento, como por exemplo, as matrizes de rotação (matriz 3x3), ângulos de Euler, ângulos de Cardan, eixos helicais e quatérnios. Destes métodos, o menos difundido na biomecânica é o relacionado com os quatérnios.

A teoria dos quatérnios foi introduzida e desenvolvida por Sir William Hamilton, em 1843, quando ele procurava encontrar um sistema algébrico que operasse no espaço tridimensional nas mesmas condições dos números complexos (Hamilton, 1847). Desta forma, ele tentou definir operações de adição e multiplicação para ternos de números reais (vetores em $\Re^3$) que fossem análogas àquelas definidas para pares de números reais (números complexos). Mais detalhadamente, Hamilton procurou encontrar uma regra de multiplicação para vetores em $\Re^3$. Como o objetivo de Hamilton era a generalização de operações sobre os números complexos, ele testava a conveniência de sua multiplicação usando uma propriedade do produto de números complexos: o valor absoluto do produto de dois números complexos é igual ao produto dos valores absolutos dos dois números complexos. Embora todas as tentativas nesse sentido tenham falhado, Hamilton obteve sucesso quando considerou elementos do espaço de quatro dimensões (vetores em $\Re^4$). Ao conjunto destes quatro componentes foi dado o nome de *quatér-nions*. Um tratamento detalhado dos quatérnios e com as demonstrações de suas elegantes propriedades matemáticas pode ser encontrado em Kuipers (1999) e Kantor & Solodovnikov (1989).

O uso de quatérnios para representar e operar rotações é bastante freqüente nas áreas de robótica, computação gráfica, física, sistemas aeroespaciais e, mais recentemente, na biomecânica. Vrongistinos et al. (2002) mostraram a utilização de quatérnios na análise cinemática tridimensional de movimentos humanos e no cálculo de velocidades angulares. Os autores destacam vantagens na utilização de quatérnios em vez de representações baseadas em ângulos de Euler, por exemplo, mencionando que esta forma de representação sofre com a ocorrência de singularidades (Gimbal Lock) e com o fato de que é possível mais de uma parametrização para uma mesma rotação. Tasora (2001) representa rotações por meio de quatérnios no desenvolvimento de um método para a solução de problemas cinemáticos e dinâmicos em simulação de sistemas de múltiplos corpos. O autor justifica tal escolha comentando que o uso de quatérnios evita a ocorrência de singularidades além de oferecer uma maneira poderosa e fácil de manusear equações com restrições.

Neste trabalho, são apresentadas e discutidas as definições e propriedades essenciais dos quatérnios para descrever rotações tridimensionais como uma abordagem alternativa para o estudo do movimento rotacional do corpo humano na biomecânica. Métodos relacionando ângulos de Euler e matrizes de rotação com a notação de um quatérnio são descritos e é apresentado um exemplo da aplicação dos quatérnios.

Metodologia

Formulação teórica – Definição e propriedades básicas

Um quatérnio é uma quádrupla de números reais, ou seja, é um elemento do $\Re^4$ e, portanto, pode ser escrito como $q = (q_0, q_1, q_2, q_3)$ no qual q_0, q_1, q_2, q_3 são números reais e chamados componentes do quatérnio. Outra forma de representar um quatérnio é entendê-lo como sendo composto por duas partes: uma *parte escalar* $(q_0 \in \Re)$ e ou-

tra *parte vetorial* ($\boldsymbol{q} = (q_1, q_2, q_3) \in \mathfrak{R}^3$). Nesta representação, o qua-
térnio é dado por $q = q_0 + \boldsymbol{q} = q_0 + q_1\mathbf{i} + q_2\mathbf{j} + q_3\mathbf{k}$ onde $\mathbf{i}, \mathbf{j}, \mathbf{k}$ satisfazem as seguintes propriedades de regras de multiplicação não-
comutativas

$$\mathbf{i}^2 = \mathbf{j}^2 = \mathbf{k}^2 = -1$$
$$\mathbf{ij} = \mathbf{k}, \mathbf{ji} = -\mathbf{k}$$
$$\mathbf{jk} = \mathbf{i}, \mathbf{kj} = -\mathbf{i} \tag{1}$$
$$\mathbf{ki} = \mathbf{j}, \mathbf{ik} = -\mathbf{j}$$

O conjunto dos quatérnios pode ser munido com duas operações: adição e multiplicação. Assim será possível operar os elementos deste conjunto que, como foi visto acima, são a união de um escalar com um vetor. A seguir, são apresentadas as definições e
propriedades destas operações.

Adição de quatérnios

A adição de dois quatérnios é um novo quatérnio obtido da soma
das partes escalares e vetoriais, respectivamente, de cada quatérnio.
Desta forma, a soma dos quatérnios $p = p_0 + \boldsymbol{p} = p_0 + p_1\mathbf{i} + p_2\mathbf{j} + p_3\mathbf{k}$
e $q = q_0 + \boldsymbol{q} = q_0 + q_1\mathbf{i} + q_2\mathbf{j} + q_3\mathbf{k}$ será o quatérnio $p + q = (p_0 + q_0)$
$+ (p_1 + q_1)\mathbf{i} + (p_2 + q_2)\mathbf{j} + (p_3 + q_3)\mathbf{k}$. A adição de quatérnios assim
definida satisfaz as propriedades comutativa ($p + q = q + p$) e asso-
ciativa ($p + (q + r) = (p + q) + r$).

Multiplicação de quatérnios

A multiplicação de dois quatérnios é feita componente a compo-
nente e deve ser definida de modo que as relações entre $\mathbf{i}, \mathbf{j}, \mathbf{k}$ apresentadas em (1) sejam satisfeitas. Desenvolvendo-se a multiplicação,
obtém-se:

$$pq = (p_0 + p_1\mathbf{i} + p_2\mathbf{j} + p_3\mathbf{k})(q_0 + q_1\mathbf{i} + q_2\mathbf{j} + q_3\mathbf{k})$$
$$= (p_0q_0 - p_1q_1 - p_2q_2 - p_3q_3) + (p_0q_1 + p_1q_0 + p_2q_3 - p_3q_2)\mathbf{i}$$
$$+ (p_0q_2 + p_2q_0 + p_3q_1 - p_1q_3)\mathbf{j} + (p_0q_3 + p_3q_0 + p_1q_2 - p_2q_1)\mathbf{k}$$

Ou, usando-se uma notação condensada, $pq = p_0q_0 - \mathbf{p}.\mathbf{q} + p_0\mathbf{q} +$
$q_0\mathbf{p} + \mathbf{p} \times \mathbf{q}$ na qual os símbolos . e × representam, respectivamente,
as operações do produto escalar e do produto vetorial em $\mathfrak{R}^3$. A

multiplicação de dois quatérnios continua sendo um quatérnio e esta operação é distributiva em relação à adição ($p(q + r) = pq + pr$), satisfaz a propriedade associativa ($p(qr) = (pq)\ r$), mas não a comutativa ($pq \neq qp$).

Outras propriedades envolvendo quatérnios são o conjugado, a norma e o inverso que serão definidos abaixo.

Conjugado, norma e inverso de um quatérnio

O conjugado de um quatérnio $q = q_0 + \mathbf{q} = q_0 + q_1\mathbf{i} + q_2\mathbf{j} + q_3\mathbf{k}$, denotado por q^*, é dado por $q^* = q_0 - \mathbf{q} = q_0 - q_1\mathbf{i} - q_2\mathbf{j} - q_3\mathbf{k}$ e a norma, que dá a noção do tamanho do quatérnio, escrita como $|q|$, é o número positivo definido por $|q| = \sqrt{qq^*} = \sqrt{q_0^2 + q_1^2 + q_2^2 + q_3^2}$. Quando $|q| = 1$, o quatérnio q recebe o nome de unitário e geometricamente pertence à esfera de raio 1 no $\Re^4$. É importante notar que a um quatérnio unitário pode-se atribuir um ângulo, pois é possível expressar todo quatérnio q com norma igual a 1 como $q = q_0 + \mathbf{q} = \cos(\theta) + \mathbf{u}\,sen(\theta)$ em que $-\pi \leq \theta \leq \pi$ e $u \in \Re^3$ é um vetor unitário na direção do vetor $\mathbf{q}$.

Lançando-se mão dos conceitos de conjugado e norma de um quatérnio, é estabelecida uma fórmula para o seu inverso multiplicativo; designado por q^{-1}, o inverso por definição satisfaz as equações $q^{-1}q = 1$ e $qq^{-1} = 1$ e então é dado por $q^{-1} = q^*/|q|$. Veja que se o quatérnio q é unitário, o inverso de q é igual ao seu conjugado q^*.

Dessa forma, os quatérnios estão inseridos num ambiente em que podem ser realizadas as quatro operações básicas conhecidas: adição, subtração, multiplicação e divisão (por elementos não nulos) sendo que a operação multiplicação não é comutativa.

Quatérnios e rotações

Uma importante propriedade dos quatérnios (e que será usada em biomecânica) é que eles podem ser usados para representar rotações no espaço tridimensional. Para isso é necessário obter um operador definido por meio dos quatérnios, que manipule adequadamente vetores do $\Re^3$, isto é, o resultado da ação deste operador sobre um vetor do $\Re^3$ continua sendo um vetor do $\Re^3$, e no qual seja possível associar um ângulo com este operador.

O operador que cumpre estas condições, aqui chamado de operador quatérnio de rotação, designado como L_q, é dado por:

$$L_q : \Re^3 \to \Re^3$$

$$\mathbf{v} \to L_q(\mathbf{v}) = q\mathbf{v}q^*.$$

A expressão $q\mathbf{v}q^*$ representa um produto entre quatérnios, no qual q é um quatérnio unitário, q^* o seu conjugado e $\mathbf{v} \in \Re^3$ é um quatérnio com parte escalar igual a zero (quatérnio puro). A ação do operador L_q sobre um vetor $\mathbf{v} \in \Re^3$ pode ser interpretada como uma rotação do vetor $\mathbf{v}$ de um ângulo 2θ tendo $\mathbf{q}$ (parte vetorial de q) como o eixo de rotação. Em particular, se um quatérnio unitário $q = q_0 + \mathbf{q}$ é dado, então a rotação representada por este quatérnio, tem um ângulo de rotação θ_{rot} e um vetor unitário na direção do eixo de rotação $eixo_{\text{rot}}$ dados por: $\theta_{\text{rot}} = 2\cos^{-1}(q_0)$ e $eixo_{\text{rot}} = \mathbf{q} / |q|$.

Assim, representando-se uma rotação por meio de um quatérnio, obtém-se o vetor que define o eixo de rotação e um ângulo de rotação em torno deste eixo.

Relação com outras representações

Na sessão anterior, foi introduzido o operador quatérnio de rotação como uma forma de abordar problemas que envolvam rotações no espaço tridimensional. Na biomecânica, matrizes de rotação e ângulos de Euler são os métodos clássicos para estudar rotações. Essas abordagens devem estar relacionadas algebricamente e pode ser útil relatar a notação dos quatérnios com as outras possibilidades, as quais são mais comuns. Por exemplo, a partir de uma matriz de rotação é possível obter o quatérnio (unitário) que representa a mesma rotação e vice-versa.

Conversão matriz de rotação – quatérnio

Quando a um vetor $\mathbf{v} \in \Re^3$ aplica-se uma matriz de rotação M, tem-se como resultado um novo vetor $\mathbf{w} \in \Re^3$ que, geometricamente, é o resultado da rotação do vetor $\mathbf{v}$ de um certo ângulo em torno de algum eixo, a mesma rotação pode ser obtida por meio da teoria dos quatérnios aplicando-se ao vetor $\mathbf{v}$ o operador quatérnio de rotação L_q. Em notação matemática, escreve-se respectivamente $\mathbf{w} = M\mathbf{v}$ e $\mathbf{w} = L_q\mathbf{V}$. Dessa forma, a conexão entre uma matriz de rotação M e um quatérnio (unitário) q, ambos descrevendo a mesma rotação, é obtida da equação $M\mathbf{v} = q\mathbf{v}q^*$. Esta equação pode ser colocada na forma $M\mathbf{v} = (2q_0{}^2-1)\mathbf{v} + 2(\mathbf{q}\cdot\mathbf{v})\mathbf{q} + 2q_0(\mathbf{q}\times\mathbf{v})$ e, sendo resolvida, chega-se à seguinte igualdade entre matrizes:

$$
\begin{pmatrix} m_{11} & m_{12} & m_{13} \\ m_{21} & m_{22} & m_{23} \\ m_{31} & m_{32} & m_{33} \end{pmatrix} = \begin{pmatrix} 2q_0{}^2 - 1 + 2q_1{}^2 & 2q_1q_2 - 2q_0q_3 & 2q_1q_3 + 2q_0q_2 \\ 2q_1q_2 + 2q_0q_3 & 2q_0{}^2 - 1 + 2q_2{}^2 & 2q_2q_3 - 2q_0q_1 \\ 2q_1q_3 - 2q_0q_2 & 2q_2q_3 + 2q_0q_1 & 2q_0{}^2 - 1 + 2q_3{}^2 \end{pmatrix}.
$$

Portanto, as componentes do quatérnio q, em termos dos elementos da matriz de rotação M, são:

$$
q_0 = \left(\frac{1}{2}\right)\sqrt{m_{11} + m_{22} + m_{33} + 1}, q_1 = \frac{m_{32} - m_{23}}{4q_0}, q_2 = \frac{m_{13} - m_{31}}{4q_0}, q_3 = \frac{m_{21} - m_{12}}{4q_0}.
$$

Para obter a matriz de rotação a partir de um quatérnio unitário q basta construir a matriz M, cujos elementos são dados em termos das componentes do quatérnio pela igualdade entre matrizes acima.

Conversão ângulos de Euler – quatérnio

Existem doze seqüências possíveis para a representação de uma rotação no espaço tridimensional utilizando-se os ângulos de Euler. Aqui será utilizada a seqüência chamada de aeroespacial, na qual roda-se primeiramente sobre o eixo $\mathbf{Z}$, depois sobre o eixo $\mathbf{Y'}$ (já rodado inicialmente) e finalmente sobre o eixo $\mathbf{X''}$ (também já rodado nas duas operações anteriores). Desta forma, a partir de duas bases ortonormais definidas, obtêm-se os ângulos phi (φ), theta (θ) e psi (ψ). Assim, por intermédio das equações abaixo, faz-se a conversão dos ângulos de Euler para os quatérnios:

$$
q_0 = \cos\frac{\psi}{2} \times \cos\frac{\theta}{2} \times \cos\frac{\varphi}{2} + \sin\frac{\psi}{2} \times \sin\frac{\theta}{2} \times \sin\frac{\varphi}{2}
$$

$$
q_1 = \sin\frac{\psi}{2} \times \cos\frac{\theta}{2} \times \cos\frac{\varphi}{2} - \cos\frac{\psi}{2} \times \sin\frac{\theta}{2} \times \sin\frac{\varphi}{2}
$$

$$q_2 = \sin\frac{\psi}{2} \times \cos\frac{\theta}{2} \times \sin\frac{\varphi}{2} + \cos\frac{\psi}{2} \times \sin\frac{\theta}{2} \times \cos\frac{\varphi}{2}$$

$$q3_1 = \cos\frac{\psi}{2} \times \cos\frac{\theta}{2} \times \sin\frac{\varphi}{2} - \sin\frac{\psi}{2} \times \sin\frac{\theta}{2} \times \cos\frac{\varphi}{2}$$

sendo

$$\text{ângulo de rotação} = \theta_{rot} = 2 \times \cos^{-1}(q_0) \times \frac{180}{\pi}$$

$$\text{latitude} = lat = \tan^{-1}\left(\frac{q_3}{\sqrt{(q_1)^2 + (q_2)^2}}\right) \times \frac{180}{\pi}$$

$$\text{longitude} = lon = \tan^{-1}\left(\frac{q_2}{q_1}\right) \times \frac{180}{\pi}$$

Exemplo de aplicação

Para melhor compreensão do uso dos quatérnios em biomecânica, foi utilizada uma simulação de um movimento de flexão-extensão do joelho (Figura 1). Para tanto, considerou-se que essa rotação ocorreu apenas no eixo **X**, com os segmentos envolvidos possuindo apenas um grau de liberdade. O eixo de rotação foi representado em coordenadas esféricas (latitude e longitude). Desta forma, têm-se 3 variáveis (ângulo de rotação, latitude e longitude do eixo de rotação) para representar a rotação executada. Os resultados obtidos mostram que o eixo de rotação na primeira metade do ciclo (correspondente à flexão do joelho) tem uma longitude igual a 180º e na segunda metade do ciclo (que corresponde à extensão do joelho) apresenta um valor de 0º. A latitude do eixo de rotação é igual a zero durante todo o ciclo. Isto indica que, após o término do movimento de flexão, o eixo de rotação deslocou-se 180º de longitude e manteve a latitude com o mesmo valor (Figura 2).

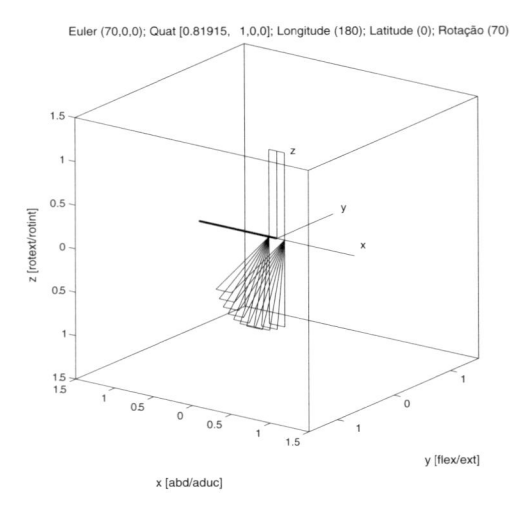

Figura 1 – Representação esquemática do movimento de flexão do joelho.

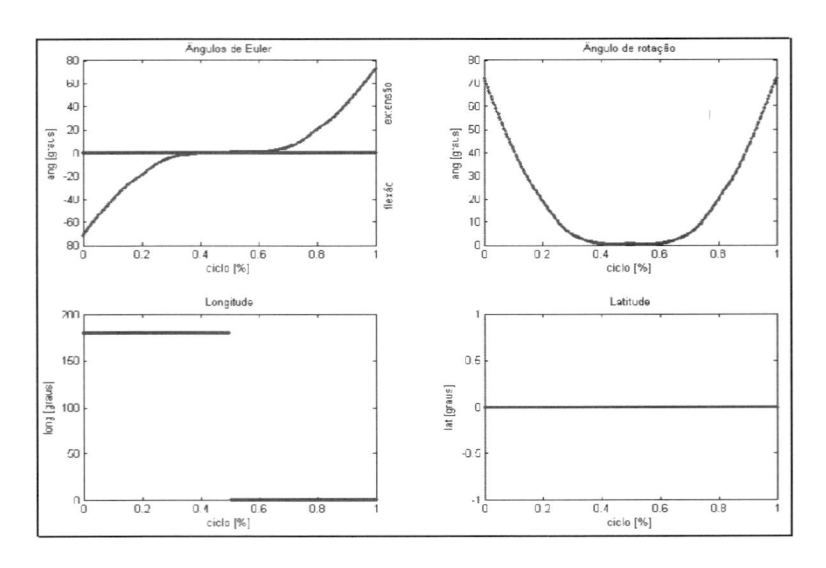

Figura 2 – Representação gráfica do movimento de flexão-extensão do joelho com o ângulo de Euler (psi (ψ)), o ângulo de rotação (q_0), a longitude e latitude em função do tempo do vetor, sobre o qual ocorre a rotação.

Conclusão

A utilização dos quatérnios em Biomecânica abre uma nova possibilidade para estudar os movimentos de rotação das articulações. Pode-se obter os quatérnios diretamente pela matriz de rotação ou por intermédio dos ângulos de Euler. O exemplo de aplicação mostrou uma boa correspondência entre os valores calculados e o fenômeno estudado. Novas investigações devem ser conduzidas para verificar a associação entre os quatérnios e a determinação do eixo de rotação quando se levam em conta os três graus de liberdade da rotação de uma articulação.

Referências bibliográficas

HAMILTON, W. R. *On Quaternions, Proceedings of the Royal Irish Academy*, 3, pp.1-16, 1847.

KANTOR, I. L.; SOLODOVNIKOV, A. S. *Hypercomplex Numbers: An Elementary Introduction to Algebras*. Springer-Verlag, 1989.

KUIPERS, J. B. *Quaternions and Rotation Sequences*, Princeton University Press, 1999.

TASORA, A. *An Optimized Lagrangian-Multiplier Approach for Interactive Multibody Simulation in Kinematic and Dynamical Digital Prototyping*. Proceedings of Computer Simulation in Biomechanics, Milano, pp.3-12, 2001.

VRONGISTINOS, K.; STYLIANIDES, G.; HWANG, Y. S. *Angular Velocities and Three Dimensional Analysis Using Quaternions*. Proceedings of the International Symposium on the 3-D Analysis of Human Movement, 2002.

5 APLICAÇÃO DE FERRAMENTAS MATEMÁTICAS EM ANÁLISES DE IMAGENS HISTOLÓGICAS E CITOLÓGICAS

K. Metze, R. L. Adam, W. de Souza Filho, I. Lorand-Metze, N. J. Leite

1 Introdução

Considerando-se que a interpretação da imagem histo e citopatológica na patologia cirúrgica ainda é feita pelo homem, precisamos admitir que influências de interpretações subjetivas são inevitáveis no ato diagnóstico pelo patologista. Como conseqüências podemos constatar importantes variações inter e até intra-observadoras no ato diagnóstico na patologia cirúrgica, provocando insegurança diagnóstica. Queremos ilustrar a gravidade do problema com a Tabela 1, onde coletamos publicações recentes, que analisaram o grau de concordância entre profissionais da patologia cirúrgica ou citopatologia (literatura 1–23). Em todos os estudos, o grau de concordância foi medido pelo coeficiente kappa de Cohen. Nesta mensuração, o valor 1 é atribuído a uma concordância diagnóstica de 100% entre os observadores, e o valor 0, quando a concordância é igual ao valor esperado ao acaso. Em casos extremos, o valor kappa pode ser negativo, revelando conceitos conflitantes entre os observadores. Levando-se em consideração que na maioria dos trabalhos citados a avaliação foi feita com profissionais considerados "especialistas" na subárea de conhecimento, precisamos constatar em muitas subáreas uma importante insegurança diagnóstica.

Como muitos diagnósticos determinam o tratamento do paciente, existe uma tendência crescente a emitir-se diagnóstico com uma segunda opinião. O anatomopatologista procura uma segunda (ou terceira) opinião de outros colegas e, muitas vezes, este patologista se submete a outras "segundas" opiniões, especialmente quando estas foram emitidas por colegas considerados "experts" pela comunidade. Em outras palavras, os princípios científicos básicos da objetividade e reprodutibilidade nem sempre são cumpridos na rotina diária. As opiniões entre diferentes grupos de "experts" também podem variar muito, e estes, afinal, podem tambem sofrer um "viés" diagnóstico, como relataram Scott et al. (24) em recente trabalho de validação.

Tabela 1 – Concordância diagnóstica na patologia cirúrgica ou citopatologia

Diagnóstico diferencial	Concordância entre observadores (Kappa)	Fonte (Fim do cap.)
Exames histológicos		
Graduação ca. da mama	0,35	(1)
Graduar categoria pN	0,35-0,44	(2)
Contagem de mitoses	0,37-0,66	(3)
Neoplasias da tiróide	0,33	(4)
Pneumonias intersticiais	0,21	(5)
Biópsia após transplante pulmonar	0,17-0,47	(6)
Displasia esôfago de Barrett	0,05-0,36	(7)
Linfoma MALT estômago	0,30	(8)
Graduação fibrose, fígado	0,13-0,18	(9)
Graduação necrose, fígado	0,15	(9)
Graduação atividade da hepatite	0,22-0,25	(9)
Hepatite após transplante	0,12	(10)
Atipias do epitélio biliar	0,44-0,49	(11)
Graduação carcinoma do pâncreas	0,43-0,44	(12)
Graduação do carcinoma colorretal	0,16	(13)
Invasão angiolifática ca.colorretal	-0,02	(13)
Carcinoma cromófobo do rim	0,3	(14)
Carcinoma da bexiga	0,36-0,86	(15)
Graduação ca. da próstata	0,44-0,68	(16)
Diagnóstico lesões da cérvice	0,46	(17)
Coilocitose da cérvice	0,21	(18)
Estadiamento carcinoma do endométrio	0,39-0,58	(19)
Mola hidatiforme	-0,10-0,85	(20)
Exames citológicos		
Citologia cervical (geral)	0,46	(17)
Atipia glandular cérvice (origem)	0,05-0,22	(21)
Atipia glandular cérvice (diagnóstico)	0,00-0,37	(21)
Citologia da tireóide	0,20-0,65	(22,23)

Por isso, a Anatomia Patológica tem características tanto de "arte" quanto de "ciência", ou seja, o grau de sua cientificidade nem sempre pode ser comparado com o das ciências naturais (25).

Em conseqüência destes problemas, surgiu, predominantemente na Europa, há mais de 20 anos, a idéia de introduzir métodos quantitativos na patologia diagnóstica, com o intuito de objetivar o ato diagnóstico (26).

Desde então, foi demonstrado em inúmeros trabalhos que simples atos de quantificação, tais como contar mitoses ou células coradas com um determinado anticorpo, podem ser cruciais no ato do diagnóstico diferencial ou podem ser importantes no prognóstico do caso individual. Com o surgimento da aquisição da imagem cito ou histológica no computador (imagem digitalizada), cada vez mais aparelhos de quantificação morfométrica foram disponibilizados no mercado. Estes aparelhos permitem geralmente a mensuração de parâmetros morfométricos simples, tais como: diâmetro, perímetro, área etc.

Mensurações morfométricas são atualmente consideradas obrigatórias em algumas áreas, como por exemplo, na análise das AgNORs, onde a determinação da fração da área nuclear pelas precipitações de prata é considerada indispensável.

Precisamos admitir neste ponto que a introdução de métodos quantitativos representa um passo grande e indispensável para melhorar os critérios da objetividade e reprodutibilidade científicas na patologia cirúrgica.

As categorizações usadas na mensuração, porém, caracterizam as imagens com muita perda de informação (reducionismo metodológico). Qualquer imagem é muito rica em informações. Tomemos o seguinte exemplo: um núcleo de um linfócito do sangue periférico, captado com uma câmara digital (objetiva de aumento x100) tem uma área nuclear em torno de 2500 *pixels*. Sendo digitalizada uma imagem com contornos definidos e transformada em escala de cinza, ou seja, dando a possibilidade de 256 tons de cinza para cada *pixel*, existem, teoricamente, 10^{6020} possibilidades de compor um núcleo com tamanho e contorno definidos ou, em outras palavras, 10^{6020} diferentes núcleos possíveis teriam o mesmo tamanho e contorno. Este exemplo demonstra, de maneira clara, o imenso grau de redução da informação usando-se somente o parâmetro "área".

No campo da análise das AgNORs, que caracterizam bem o crescimento fisiológico e patológico (27–49), conseguimos demonstrar, por investigações próprias, que o reconhecimento de formas qualitativamente diferentes das AgNORs podem ser importantes tanto para o diagnóstico quanto para o prognóstico. Estas diferenças, apesar de serem facilmente distinguíveis pelo "olho" do patologista, como demonstramos em trabalhos examinando a reprodutibilidade, não foram aceitas por vários autores, em parte porque não são "mensuráveis" pelos parâmetros morfométricos comumente usados ou porque poderiam, na opinião de alguns cientistas, complicar a análise (50). Esta problemática nos levou a uma reflexão sobre se os meios tradicionais de análise morfológica quantitativa, acima citados, ainda seriam adequados e suficientes para o estudo de estruturas morfológicas. Com esta perspectiva, nós procuramos possibilidades da análise objetiva da imagem histológica partindo das imagens digitalizadas.

Uma imagem digitalizada pode ser, além de interpretada pelo patologista de modo subjetivo tradicional, ser matematicamente interpretada, de quatro formas:

A Como matriz.
B Como conjunto topológico.
C Como função matemática.
D Como estrutura multiescala.

Pesquisando na literatura científica sobre a aplicação destes princípios na análise das imagens em histologia ou histopatologia, encontramos muito poucos trabalhos relacionados à interpretação topológica ou função matemática, o que nos motivou a pesquisar mais estes tópicos científicos pouco explorados.

I Interpretação da imagem seguindo princípios topológicos: a árvore de componentes

Definição

A árvore de componentes é uma representação em forma de grafo, de uma imagem em níveis de cinza que contém informação sobre cada componente da imagem e sobre as ligações que existem entre as componentes e níveis de cinza seqüenciais na imagem.

Assim, pode-se definir a árvore de componentes como um conjunto de nós conectados por um conjunto de arestas. Cada nó na árvore representa uma componente particular na imagem em níveis de cinza. Uma componente em uma imagem em níveis de cinza é definida como um conjunto conexo de *pixels* em um conjunto limiarizado da imagem. Nesta representação da imagem, pode-se aplicar tanto filtragem como segmentação, por meio de um processo de decisão que classifica os nós, de modo a serem removidos ou preservados. Esta análise, por sua vez, pode ser feita baseando-se em informações armazenadas nos nós, como área ou volume da componente; ou na própria estrutura da árvore, sendo analisada como um grafo e verificando-se, por exemplo, os graus dos nós.

Adiante, um exemplo de um núcleo com AgNORs idealizado e simplificado.

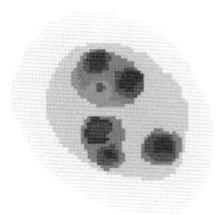

Figura 1A – Imagem simplificada de célula: núcleo com 3 nucléolos e precipitações de AgNORs (Fig 1A, 1B).

Figura 1B – Representação pseudotridimensional (2,5 D) desta célula.

Numa representação gráfica com o grau de cinza representando o eixo z, criamos a chamada imagem pseudo-3 D ou 2,5 D (Figura 1B). A partir da última, usando os princípios básicos da topologia, poderíamos criar a seguinte árvore de componentes (Figura 2).

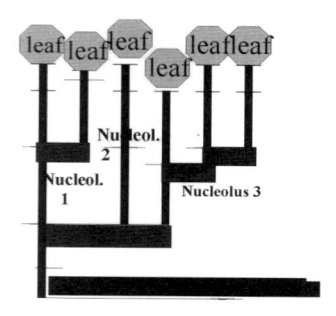

Figura 2 – Árvore de componentes da célula simplificada com 6 folhas (pontos finais ou *leaves*), 7 nós sem ramificação, 3 nós com ramificação dupla e 1 nó com ramificação tripla.

Vantagens da representação por árvore de componentes

1. Robustez contra distorções da imagem (invariância às distorções)

Como usamos princípios da topologia, operações tais como ampliação, rotação, mas também qualquer distorção que, desde que não haja ruptura da imagem, não modifique o resultado. Esta característica compensa, por exemplo, artefatos em esfregaços causados por aplicação de muita força manual.

2. Robustez contra variações da segmentação

Um dos passos mais críticos em relação à reprodutibilidade na análise de imagens é a segmentação, pois ela necessita, na maioria das vezes, de uma interação com o observador, o que introduz sempre um certo grau de subjetividade.

No caso da segmentação da imagem por escolha de graus de cinza, comparamos a variação da estrutura da árvore de componentes com a variação do tamanho da área corada pela reação AgNOR, após segmentação interativa com graus variados do nível de cinza.

Enquanto uma mudança de um grau de cinza pode causar uma variação de até 7% da área corada pela reação AgNOR, há constância do número de nós com ramificações > 2 muitas vezes numa variação de até 10 níveis de grau de cinza, o que significa uma robustez muito grande contra variações subjetivas na segmentação interativa.

Aplicação em modelo biológico

1. Comparação entre células benignas e malignas

Num primeiro trabalho, comparamos AgNORs de núcleos de linfócitos benignos com AgNORs de células de pacientes com leucemia linfóide crônica (LLC) e encontramos os seguintes parâmetros como fatores discriminantes :
- número de nós da árvore dos núcleos;
- número máximo dos filhos dos nós dos núcleos;
- números de folhas da árvore medidos para as AgNORs.

2. Parâmetros de AgNORs como "assinatura" (signature)

Num segundo passo, comparamos células da LLC de 4 pacientes diferentes (aleatoriamente escolhidos), extraindo somente os dados inerentes à árvore de componentes. O objetivo deste estudo era verificar se a composição da árvore poderia revelar traços individuais em diferentes pacientes, ou seja, se o método da análise da árvore de componentes poderia detectar a chamada "assinatura" da cromatina (51).

Treinando um algoritmo de análise discriminante linear com os dados da árvore de componentes (cerca de 40 células em cada caso), o modelo consegue, a partir dos dados de uma única célula, reconhecer em 80% o paciente individualmente (52).

Em resumo, a análise da árvore de componentes de estruturas em imagens digitalizadas é um método novo, com robustez contra distorções ou variações subjetivas causadas pelo operador na segmentação interativa, capaz de descrever detalhadamente estruturas biológicas.

II Interpretação de imagem como função matemática, usando a transformada de Fourier

Em 1808, Joseph Fourier propôs à Academia de Ciências de Paris que toda curva irregular poderia ser considerada como uma soma de funções periódicas. Já em 1809, Gauss, estudando as propriedades desta transformação, criou um algoritmo capaz de calculá-la exatamente e com maior desempenho, numa época em que não havia sequer calculadoras. Este algoritmo foi utilizado em um computador pela primeira vez por Cooley apenas em 1969, em um programa escrito em FORTRAN. Assim, a análise espectral tornou-se prática com o uso da transformada rápida de Fourier (FFT). Análises do padrão de difração produzidas por sistemas ópticos coerentes, utilizando laser, podem agora ser feitas pelo computador com alta acurácia e exeqüibilidade.

As transformadas de Fourier já foram usadas em diversas áreas, tais como cristalografia e teoria da comunicação, realizando, por exemplo, na história da arte, a identificação e a classificação de pinturas.

A análise de Fourier transforma imagens do domínio espacial para o domínio de freqüência, medindo a repetição de eventos periódicos.

Em processamento de imagem, a freqüência espacial é a medida que expressa o ritmo das alterações de brilho (ou seja, dos níveis de cinza, geralmente entre 0 e 255) que ocorrem numa seqüência de pontos em uma dada direção na imagem. Altas freqüências espaciais correspondem a detalhes de brilho que variam rapidamente. Baixas freqüências espaciais representam variações lentas do brilho. A distribuição das freqüências representa a periodicidade da imagem e as interferências direcionais. As características de textura de Fourier podem ser calculadas a partir das distribuições das freqüências em diferentes regiões do espaço transformado.

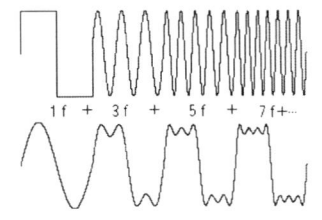

Figura 3 – A sobreposição crescente de senóides cria curvas cada vez mais próximas a uma onda quadrada.

Pode-se representar qualquer função em termos de uma soma de ondas senóides. Por exemplo, uma onda quadrada pode ser considerada como sendo constituída por ondas senóides de freqüência impar: 1f+3f+5f+...(onde f é a freqüência da onda quadrada (Fig. 3). À medida em que um ponto no domínio espectral se distancia da origem, ele passa a representar freqüências cada vez maiores, de acordo com o tamanho da matriz F:

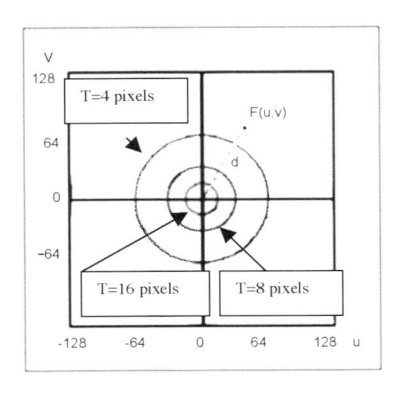

Figura 4 – Estrutura esquemática da imagem transformada pela FFT.

Freqüência espacial: $f = d/L$ (1)

Período espacial: $T = L/d$ (2)

sendo L = tamanho do lado da matriz quadrada, $d^2 = u^2 + v^2$. (Fig. 4)

Embora haja exceções, parece haver uma tácita impressão de que muitos objetos biológicos são insuficientemente "regulares", ou mais precisamente, compostos por componentes harmônicos, para fornecer parâmetros úteis por meio da transformada de Fourier.

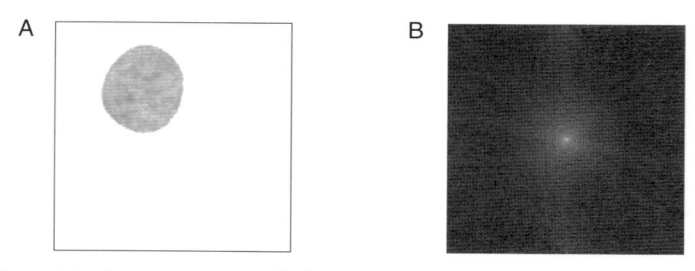

Figura 5A – Imagem segmentada de um núcleo de cardiomiócito de rato de 8 dias de vida, sem processamento adequado das bordas.

Figura 5B – Efeito causado pelas bordas mascara a informação da textura nuclear.

No interesse de mudar essa impressão e de sugerir um uso de maior valor diagnóstico, queremos propor novas técnicas de se examinar o domínio espectral.

Padrões regulares de textura produzem concentrações de energia em regiões correspondentes a certa freqüência e direção. A distribuição da energia pode ser estudada com algoritmos que estudam a posição e o tamanho desses picos. Propõe-se, aqui, classificar e quantificar as regiões que concentram informação da textura da imagem, com o propósito de se utilizar a análise de Fourier como mais uma ferramenta objetiva para auxílio do patologista.

A aquisição de imagens é feita em extensão '.bmp' (*bitmap*). Um programa "macro" de comandos para aquisição das imagens foi elaborado para fornecer automaticamente os nomes de cada imagem, eliminando assim a possibilidade de erro nessa tarefa. Os arquivos assim obtidos são isolados em matrizes quadradas com 256 *pixels* de lado, e convertidos para o formato *bitmap* escala de cinzas, de 8 bits, por meio do cálculo da luminância das cores.

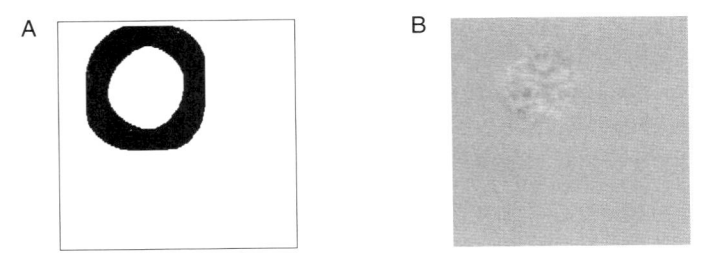

Figura 6A – Região da imagem que foi submetida a um filtro de média.
Figura 6B – Imagem com bordos amaciados, e fundo pintado com cinza médio do núcleo.

As imagens são segmentadas por meio de um processo semi-interativo de *thresholding*, calculado a partir do histograma de escala de cinzas, selecionando o contorno entre a imagem do núcleo e o fundo. A imagem é convertida em escala de cinzas de 8 bits, por intermédio do cálculo da luminância. Esta conversão para escala de cinza é descrita como "perceptivelmente uniforme", tendo a finalidade de simular o mesmo grau de variação de brilho da percepção visual humana em cores.

A seguir, realizamos:

1) segmentação semi-interativa das imagens nucleares, por meio da técnica de limiarização (*thresholding*);

2) o fechamento por área dos "buracos" existentes na componente conexa que representa o núcleo da célula; e

3) a abertura por área, retirando as componentes conexas menores que 3500 *pixels*, geralmente representadas por impurezas. O resultado será uma máscara binária que representa a imagem nuclear. Utilizamos também a técnica de suavização do contorno por meio de um filtro de média (Fig. 5A, 5B, 6A, 6B). Somente depois destes procedimentos, a imagem estará pronta para ser transformada pelo FFT. (Fig. 7A, 7B)

A   B

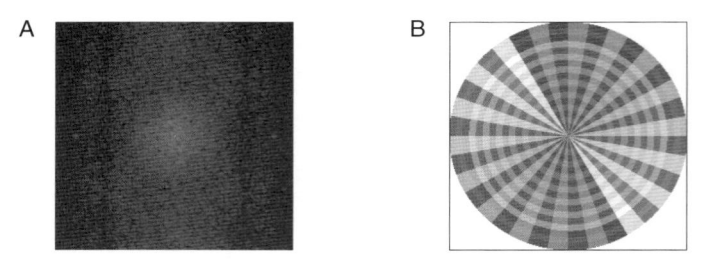

Figura 7A – Espectro de Fourier a partir da Fig. 6b (observe a concentração da informação no centro da imagem).

Figura 7B – Regiões para estudo da distribuição da energia, divididas em anéis e setores.

Calculamos para cada núcleo, a energia total, o momento de inércia, a entropia, a isotropia, distribuições angulares da energia, distribuições anulares da energia, distribuições angulares do momento de inércia, distribuições radiais do momento de inércia e entropias relativas.

Exemplo

Comparando-se a imagem de cardiomiócitos de ratos de diferentes idades, pudemos demonstrar diferenças entre a textura da cromatina (53). (Fig. 8A, 8B, 9, 10)

A   B

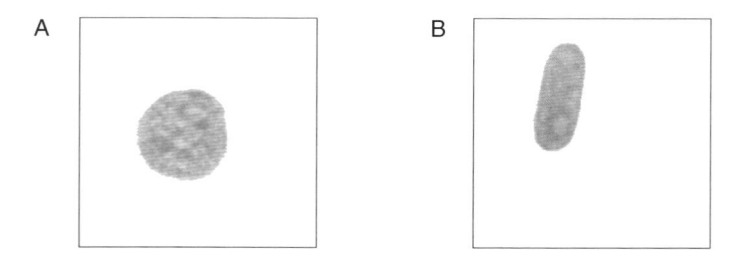

Figura 8 – Núcleos de cardiomiócitos de rato. a) 19 dias de gestação. b) 60 dias de vida pós-natal.

 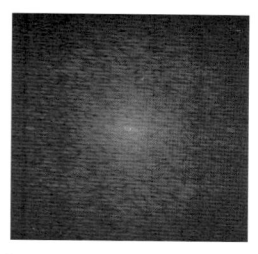

Figura 9 – Espectros de Fourier das Figuras 8a e 8b, respectivamente.

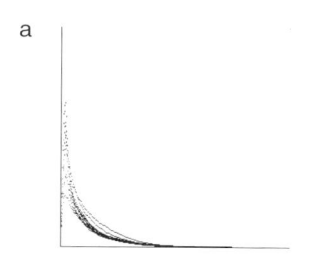 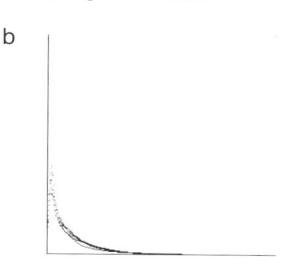

Figura 10 – Curvas medianas da distribuição radial da informação textural: a) 19 dias de gestação. b) 60 dias de vida pós-natal.

Recentemente, foi demonstrado que variáveis extraídas da transformada de Fourier podem revelar detalhes da cromatina em carcinomas basocelulares que indicam risco de recidiva (54).

A análise de Fourier permite também diferenciar a arquitetura de fibras elásticas ou de fibras de colágeno em doenças dermatológicas. Assim, é possível quantificar elastose solar ou diferenciar quelóides de cicatrizes hipertróficas (55–57).

Em resumo, o espectro de Fourier possibilita a descrição mais objetiva e reprodutível da textura da cromatina nuclear.

Conclusão

O uso de ferramentas matematicamente desenvolvidas pode contribuir para uma patologia cirúrgica menos subjetiva, assim diferenciando com mais reprodutibilidade diferentes entidades diagnósticas. Esses recursos abrem também novos campos de estudo na chamada "patologia investigativa". [*Apoio*: CNPq, FAPESP, FAEP]

Referências

1   ANDRADE, V. P.; GOBBI H. Accuracy of typing and grading invasive mammary carcinomas on core needle biopsy compared with the excisional specimen. Virchows Arch. 445:597-602, 2004.

2   CSERNI, G.; BIANCHI, S.; BOECKER, W.; DECKER. T.; LACERDA, M.; RANK, F.; WELLS, C. A. Improving the reproducibility of diagnosing micrometastases and isolated tumor cells. Cancer. 103:358-367, 2005.

3   FIETS, W. E.; BELLOT, F. E.; STRUIKMANS, H.; BLANKENSTEIN, M. A.; NORTIER, J. W. Prognostic value of mitotic counts in axillary node negative breast cancer patients with predominantly well-differentiated tumours. Eur J Surg Oncol. 31:128-33, 2005.

4   HAMADY, Z. Z.; MATHER, N.; LANSDOWN, M. R.; DAVIDSON, L.; MACLENNAN, K. A. Surgical pathological second opinion in thyroid malignancy: impact on patients' management and prognosis. Eur J Surg Oncol. 31:74-77. 2005.

5   LETTIERI, C. J.; VEERAPPAN, G. R.; PARKER, J. M.; FRANKS, T. J.; HAYDEN, D.; TRAVIS, W.D.; SHORR, A. F. Discordance between general and pulmonary pathologists in the diagnosis of interstitial lung disease Respiratory Medicine, no prelo *online*, 21 de abril de 2005.

6   STEPHENSON, A.; FLINT, J.; ENGLISH, J.; VEDAL, S.; FRADET, G.; CHITTOCK, D.; LEVY, R. D. Interpretation of transbronchial lung biopsies from lung transplant recipients: inter-and intraobserver agreement. Can Respir J. 12:75-77, 2005.

7   LOPES, C. V.; PEREIRA-LIMA, J. C.; HARTMANN, A. A.; TONELOTTO, E.; SALGADO, K. Displasia no esôfago de Barrett – concordância intra e inter-observador no diagnóstico histopatológico. Arq. Gastrenterologia. 41:77-78. 2004.

8   EL-ZIMAITY, H. M.; WOTHERSPOON, A.; DE JONG, D. Houston MALT lymphoma Workshop. Interobserver variation in the histopathological assessment of malt/malt lymphoma: towards a consensus. Blood Cells Mol Dis. 34:06-16. 2005.

9   ROUSSELET, M. C.; MICHALAK, S.; DUPRE, F.; CROUE, A.; BEDOSSA, P.; SAINT-ANDRE, J. P.; CALES, P. Sources of variability in histological scoring of chronic viral hepatitis. Hepatology, 41:257-264, 2005.

10 REGEV, A.; MOLINA, E.; MOURA, R.; BEJARANO, P. A.; KHALED, A.; RUIZ, P.; ARHEART, K.; BERHO, M.; DRACHENBERG, C. B.; MENDEZ, P.; O'BRIEN, C.; JEFFERS, L.; TZAKIS, A.; SCHIFF, E. R. Reliability of histopathologic assessment for the differentiation of recurrent hepatitis C from acute rejection after liver transplantation. Liver Transpl. 10:1233-1239, 2004.

11 ZEN, Y.; AISHIMA, S.; AJIOKA, Y.; HARATAKE, J.; KAGE, M.; KONDO, F.; NIMURA, Y.; SAKAMOTO, M.; SASAKI, M.; SHIMAMATSU, K.; WAKASA, K.; PARK, Y. N.; CHEN, M. F.; ATOMI, Y.; NAKANUMA, Y. Proposal of histological criteria for intraepithelial atypical/proliferative biliary epithelial lesions of the bile duct in hepatolithiasis with respect to cholangiocarcinoma: preliminary report based on interobserver agreement. Pathol Int. 55:180-8, 2005.

12 ADSAY, N. V.; BASTURK, O.; BONNETT, M.; KILINC, N.; ANDEA, A. A.; FENG, J.; CHE, M.; AULICINO, M. R.; LEVI, E.; CHENG, J. D. A proposal for a new and more practical grading scheme for pancreatic ductal adenocarcinoma. Am J Surg Pathol. 29:724-33, 2005.

13 KOMUTA, K.; BATTS, K.; JESSURUN, J.; SNOVER, D.; GARCIA-AGUILAR, J.; ROTHENBERGER, D.; MADOFF, R. Interobserver variability in the pathological assessment of malignant colorectal polyps.Br J Surg. 91:1479-1484, 2004.

14 ABRAHAMS, N. A.; MACLENNAN, G. T.; KHOURY, J. D.; ORMSBY, A. H.; TAMBOLI, P.; DOGLIONI, C.; SCHUMACHER, B.; TICKOO, S. K. Chromophobe renal cell carcinoma: a comparative study of histological, immunohistochemical and ultrastructural features using high throughput tissue microarray. Histopathology. 45:593-602, 2004.

15 RAITANEN, M.P.; AINE, R.; RINTALA, E.; KALLIO, J.; RAJALA, P.; JUUSELA, H.; TAMMELA, T. L. J. Differences between local and review urinary cytology in diagnosis of bladder cancer. An interobserver multicenter analysis.Eur Urol 41 : 284-289, 2002.

16 OYAMA, T.; ALLSBROOK, W. C. J. R.; KUROKAWA, K.; MATSUDA, H.; SEGAWA, A.; SANO, T.; SUZUKI, K.; EPSTEIN, J. I. A comparison of interobserver reproducibility of Gleason grading of prostatic carcinoma in Japan and the United States. Arch Pathol Lab Med. 129(8):1004-1010, 2005.

17 STOLER, M. H.; SCHIFFMAN, M.; Atypical Squamous Cells of Undetermined Significance-Low-grade Squamous Intraepithelial Lesion Triage Study (ALTS) Group. Interobserver reproducibility of cervical cytologic and histologic interpretations: realistic estimates from the ASCUS-LSIL Triage Study. JAMA. 285:1500-1505, 2001.

18 KRUSE, A. J.; BAAK, J. P.; HELLIESEN, T.; KJELLEVOLD, K. H.; ROBBOY, S. J. Prognostic value and reproducibility of koilocytosis in cervical intraepithelial neoplasia. Int J Gynecol Pathol. 22:236-239, 2003.

19 SCHOLTEN, A.N.; SMIT, V. T; BEERMAN, H.; VAN PUTTEN, W. L.; CREUTZBERG, C. L. Prognostic significance and interobserver variability of histologic grading systems for endometrial carcinoma. Cancer. 100:764-72, 2004.

20 FUKUNAGA, M.; KATABUCHI, H.; NAGASAKA, T.; MIKAMI, Y.; MINAMIGUCHI, S.; LAGE, J. M. Interobserver and intraobserver variability in the diagnosis of hydatidiform mole. Am J Surg Pathol.; 29: 942-947, 2005.

21 SIMSIR, A.; HWANG, S.; CANGIARELLA, J.; ELGERT, P.; LEVINE, P.; SHEFFIELD, M. V.; ROBERSON, J.; TALLEY, L.; CHHIENG, D. C. Glandular cell atypia on Papanicolaou smears: interobserver variability in the diagnosis and prediction of the cell of origin Cancer Cytopathology 99:323-30, 2003.

22 STELOW, E. B.; BARDALES, R. H; CRARY, G. S.; GULBAHCE, H. E.; STANLEY, M.W.; SAVIK, K.; PAMBUCCIAN, S. E. Interobserver variability in thyroid fine-needle aspiration interpretation of lesions showing predominantly colloid and follicular groups Am J Clin Pathol 124 : 239-244, 2005.

23 CLARY, K. M.; CONDEL, J. L.; LIU, Y. L.; JOHNSON, D. R.; GRZYBICKI, D. M.; RAAB, S. S. Interobserver variability in the fine needle aspiration biopsy diagnosis of follicular lesions of the thyroid gland Acta Cytol, 49, 378-382, 2005.

24 SCOTT, D. R.; HAGMAR, B.; MADDOX, P.; HJERPE, A.; DILLNER, J.; CUZICK, J.; SHERMAN, M. E.; STOLER, M. H.; KURMAN, R. J.; KIVIAT, N. B.; MANOS, M. M.; SCHIFFMAN, M. Use of human papillomavirus DNA testing to compare equivocal cervical cytologic interpretations in the United States, Scandinavia, and the United Kingdom. Cancer Cytopathology 96:14-20, 2002.

25 METZE, K. Some critical considerations on scientific research in pathology. Mesa redonda XXII Congresso Brasileiro de Patologia, Curitiba, 1999, handout em CD-ROM, Editora Sociedade Brasileira de Patologia.

26 BAAK, J. P. A.; The framework of pathology: Good Laboratory Practice by quantitative and molecular methods. J Pathol; 198: 277-283, 2002.

27 GROTTO, H. Z. W.; LORAND-METZE, I.; METZE, K. Nucleolar organizer regions in normal hematopoesis. Relationship to celular proliferation and maturation. Nouvelle Revue Francaise D Hematologie. 33 : 1-4,.1991.

28 METZE, K.; LORAND-METZE, I. AgNOR staining in normal bone marrow cells (letter). J. Clin.Pathol. 44 : 526, 1991.

29 METZE, K.; LORAND-METZE, I. Silver staining of nucleolar organizer regions in prostatic lesions.(letter) Histopathology, 21: 97-98, 1992.

30 GROTTO, H. Z. W.; METZE, K.; LORAND-METZE, I. Pattern of nucleolar organizer regions in human leukemic cells. Anal Cell Pathol, 5 : 203-212, 1993.

31 METZE, K.; LORAND METZE, I. Interpretation of the AgNOR pattern in heamatologic cytology. Acta Haematol 89 (2) : 110-111, 1993.

32 GILBERTI, M. F. P.; METZE, K.; LORAND-METZE, I. Changes of nucleolar organizer regions in granulopoietic precursors during the course of chronic myeloid leukemia. Annals of Hematology 71, 275-279, 1995.

33 LORAND-METZE, I.; METZE, K. AgNOR clusters as a cell kinetic parameter in chronic lymphocytic leukemia . Journal of Clinical Pathology : Molecular Pathology 49 (6) 357-360, 1996.

34 IRAZUSTA, S. P.; VASSALLO, J.; MAGNA, L. A.; METZE, K.; TREVISAN, M. The value of AgNOR and PCNA staining in endoscopic biopsies of gastric mucosa. Pathology Research and Practice, 194 : 33-39, 1998 .

35 LORAND-METZE, I.; CARVALHO, M. A.; METZE, K. relationship between morphologic analysis of nucleolar organizer regions and cell proliferation in acute leukemia. Cytometry. 32 : 51-56, 1998.

36 CIA, E. M. M.; TREVISAN, M.; METZE, K. AgNOR technique: a helpful tool for the differential diagnosis in urinary cytology. Cytopathology, 10-91, 30-39, 1999.

37 METZE, K.; TREVISAN, M. The use of epithelila membrane antigen and silver-stained nucleolar organizer regions testing in the differential diagnosis of mesothelioma form benign reactive mesothelioses. Cancer, 85, 250, 1999.

38 METZE, K.; LORAND-METZE, I. Age related decrease of AgNOR activity in acute and chronic lymphocytic leukemias. Journal of Clinical Pathology: Molecular Pathology 52: 52, 1999.

39 METZE, K.; CIA, E. M.; TREVISAN, M. Argyrophilic nucleolar organizer region in proliferating cell has a predictive value for local recurrence in superficial bladder tumor.. J Urol Maio de 2000, 163(5):1524-5.

40 METZE, K.; LOBO, A. M.; LORAND-METZE, I. Nucleolus organizer regions (AgNORs) and total tumor mass are independent prognostic parameters for

treatmen free period in chronic lymphocytic leukemia. Int J Cancer Setembro de 2000, 20; 89(5):440-3.

41 METZE, K.; CIA, E. M.; TREVISAN, M. A. Evaluation of nucleolar organizer regions in human bladder cancers. Eur Urol Janeiro de 2000; 37(1):118-9.

42 METZE, K.; CHIARI, A. C.; ANDRADE, F. L.; LORAND-METZE, I. Changes in AgNOR configurations during the evolution and treatment of chronic lymphocytic leukemia. Hematol Cell Ther Novembro de 1999; 41(5): 205-10.

43 METZE, K.; LORAND-METZE, I. Methods for analysing AgNORs. J Clin Pathol 1999; 52(7): 550.

44 METZE, K.; NEDER, F. Developmental AgNOR changes in rat diomyocytes. European Journal of Histochemistry, 42 (Suppl 1), 1998, 22.

45 VALENCA, J. T. JR.; ESCANHOELA, C. A.; METZE K. AgNOR pattern and PCNA analysis in fine needle biopsies of liver cell carcinoma.Neoplasma.;48:370-373. 2001.

46 OLIVEIRA, G. B.; PEREIRA, F. G.; METZE, K.; LORAND-METZE, I. Related Articles, Links Spontaneous apoptosis in chronic lymphocytic leukemia and its relationship to clinical and cell kinetic parameters. Cytometry. 46:329-335, 2001.

47 LORAND-METZE, I.; PEREIRA, F. G.; COSTA, F. P.; METZE, K. Proliferation in non-Hodgkin's lymphomas and its prognostic value related to staging parameters. Cell Oncol; 26:63-71, 2004.

48 METZE, K.; OLIVEIRA, G. B.; PEREIRA, F. G.; ADAM, R. L; LORAND-METZE, I. Spontaneous apoptosis in chronic lymphocytic leukemia is not an independent prognostic factor for stability of disease when compared with combined AgNOR and TTM scores. Cell Oncol; 27:199-201, 2005.

49 METZE, K.; PIAZA, A. C. S.; PIAZA, A. A; ADAM, R. L; LEITE, N. J. Texture analysis of agnor stained nuclei in lung cancer. Cell Oncol 27:137-138, 2005.

50 DERENZINI, M.; MONTANARO, L.; TRERE, D. The AgNORS state of the art. Anal Cell Pathol; 24 : 201, 2002.

51 BARTELS, P. H.; DA SILVA, V. D.; MONTIRONI, R.; HAMILTON, P. W.; THOMPSON, D.; VAUGHT, L.; BARTELS, H. G. Chromatin texture signatures in nuclei from prostate lesions. Analystical and Quantitative Cytology and Histology. 20: 407-416, 1998.

52 METZE, K.; SOUZA FILHO, W.; ADAM, R. L.; LORAND-METZE, I.; LEITE, N. J. Analysis of the component "tree" asa new tool for analytical cellular pathology Anal Cell Pathol; 22:64, 2001.

53 ADAM, R. L.; LEITE, N. J.; METZE, K. Spectral analysis using discrete fourier transformation for the study of nuclei: software design and application on cardiomyocytes during physiological development Anal Cell Pathol; 22: 64-65 , 2001.

54 METZE, K.; BEDIN, V.; ADAM, R. L.; CINTRA, M. L.; DE SOUZA, E. M.; LEITE, N. J. Parameters derived from the Fast Fourier Transform are predicitive for the recurrence of basal cell carcinoma Cellular Oncology; 27: 137, 2005.

55 METZE, K.; GOMES NETO, A.; ADAM, R. L.; GOMES, A. A.; LEITE, N. J.; SOUZA, E. M.; CINTRA, M. L. Texture of dermal elastotic tissue in patients with different phototypes Anal Cell Pathol; 24: 196, 2002.

56 METZE, K.; SILVA, P. V. V. T.; ADAM, R. L.; CINTRA, M. L.; LEITE, N. J. Differentiation of keloid and hypertrophic scar by texture analysisAnal Cell Pathol; 24: 196-197, 2002.

57 METZE, K.; ADAM, R. L.; SILVA, P. V. V. T.; GOMES NETO, A.; GOMES, A. A.; SOUZA, E. M.; CINTRA, M. L.; LEITE, N. J. Application of the new fast Fourier transform derived variables in dermatopathology. Pathology Research and Practice; 199-242, 2003.

58 VAN ZUIJLEN, P. P. M.; DE VRIES, H. J. C.; LAMME, E. N.; COPPENS, J. E.; VAN MARLE, J.; KREIS, R. W.; MIDDELKOOP, E. Morphometry of dermal collagen orientation by Fourier analysis is superior to multi-observer assessment J Pathol; 198: 284-291, 2002.

6 UM MODELO MATEMÁTICO DA DISPOSIÇÃO DAS FIBRAS MIOCÁRDICAS DO VENTRÍCULO ESQUERDO

Eduardo Arantes Nogueira

1 Introdução

Nos animais, todo movimento é gerado por encurtamento das células musculares. Há 3 tipos de células musculares: as células esqueléticas, as células cardíacas e as células musculares lisas. A postura corporal, respiração, movimentação dos órgãos da face e da boca, movimentação dos órgãos dos sentidos, parte da faringe, laringe e locomoção do corpo são dados pela musculatura esquelética. A movimentação dos vasos e dos aparelhos digestivo, genital e urinário é feita pelas células musculares lisas. O coração é um órgão com grandes cavidades separadas por válvulas, conectado aos grandes vasos. As paredes musculares cardíacas são formadas por tecido miocárdico embebido em um estroma de fibroblastos, tecido conjuntivo, vasos e nervos. Suas paredes são constituídas de células musculares, fibroblastos, vasos e tecido conjuntivo (Sommer & Jennings, 1991). A movimentação das paredes cardíacas, levando à contração de suas cavidades, é dada pela contração de células musculares especiais chamadas cardiomiócitos.

A base fundamental das células musculares, de qualquer dos três tipos acima delineados, é a existência de proteínas contráteis, longas estruturas moleculares que se parecem com filamentos. Há dois tipos de filamentos: o filamento fino chamado actina e o filamento grosso chamado miosina. Estas proteínas formam unidades conectadas em série chamadas sarcômeros: ordenando-se paralelamente, os filamentos de actina se inserem nas duas extremidades dos sarcômeros (linhas Z) deixando livre a parte central que é ocupada pelos filamentos de miosina, imbricando-se parcialmente com os primeiros. Quando o tecido está distendido, os sarcômeros têm cerca de 2 a 2.5 µm cada um. A contração se dá, fundamentalmente, pela interação das moléculas de miosina e actina sob ação do cálcio (Sommer & Jennings, 1991).

As células musculares são retilíneas. Esta propriedade é conseqüência da estrutura fibrilar da actina e miosina. A propriedade de ser retilínea é uma conseqüência da função de contração contra uma carga e o desenvolvimento de uma força. Força, como se sabe, é uma grandeza representada por uma reta com módulo, direção e sentido, ou seja, uma grandeza vetorial. As células musculares estriadas são muito longas, ajuntando-se em feixes denominados fibras, mas os cardiomiócitos são células pequenas que se conectam em série por estruturas denominadas discos intercalares. Estas ligações tornam o tecido miocárdico um verdadeiro sincício funcional. Células vizinhas também se ligam por ramificações a partir de ângulos bastante agudos. Os cardiomiócitos também se agrupam em fibras, mas sua individualidade é muito menor que a do tecido muscular estriado (Sommer & Jennings, 1991).

O ventrículo esquerdo cardíaco assemelha-se a um elipsóide truncado ou um parabolóide (Minezaki et al., 1989 e Deboucher, 1974). É constituído por uma base, um corpo e um ápex. Na base encontra-se um orifício único que é subdividido por estruturas fibrosas nos anéis de inserção das válvulas mitral e aórtica. Quando o ventrículo esquerdo é cortado no sentido longitudinal, da base ao ápex, incluindo o ápex, pode-se observar que a espessura de suas paredes diminui progressivamente no sentido base-ápex. A espessura da parede se relaciona com a tensão local e esta, como se sabe, com o raio. Quando cortado transversalmente, digamos ao nível dos músculos papilares, nota-se que a secção tem a forma circular; de acordo com a posição em relação às outras estruturas, as paredes são divididas em parede septal, anterior, lateral e inferior. A espessura destas paredes, quando consideradas em um mesmo nível da dimensão (ou eixo) longitudinal, é uniforme.

Levando-se em consideração a forma do ventrículo esquerdo, desenvolveram-se técnicas para medida dos volumes sistólico e diastólico, tanto no homem como em animais de experimentação. Inicialmente, foram descritas técnicas que se utilizavam da análise de ventriculografias pela técnica de raios X e depois pela técnica de cinefluorografia. Basicamente, copiam-se os contornos da cavidade em sístole e diástole para subdividi-las por eixos longitudinais e transversais, aplicando-se então as fórmulas de figuras geométricas de revolução. Com o advento de novas modalidades de imagem, esta técnica foi portada para os estudos cintilográficos, ecocardiográficos e tomográficos. Em todas as modalidades, conseguiu-se excelente correlação com volumes reais.

Quando o epicárdio é descolado da superfície ventricular esquerda, pode-se observar que a superfície é granulosa, com a aparência de fibras, analogamente às fibras musculares estriadas. Quando dissecadas, estas fibras não se mostram isoladas e individualizadas, mas ramificam-se, fundindo-se com o tecido adjacente. Observando-se a superfície externa do ventrículo esquerdo (seu aspecto epicárdico), parece que as fibras correm paralelamente e que têm uma direção definida. A dissecção do miocárdio subjacente revela que as fibras têm um arranjo complexo, fato que chamou a atenção de muitos investigadores, desde Vesalius e Harvey (Greenbaum et al., 1981).

O estudo deste assunto em tão longo intervalo de tempo deu origem a consideráveis disputas e controvérsias, sendo que, até hoje, não é um assunto completamente elucidado. Próprios desta controvérsia, estão os problemas metodológicos relacionados com a forma de dissecção. Entretanto, alguns fatos importantes parecem definidos (Figura 1): quando olhamos o ventrículo esquerdo externamente, após descolar a membrana epicárdica, notamos que as fibras têm uma disposição helicoidal com uma direção longitudinal, espiralando-se no ápex, onde formam um vórtex. No vórtex, as fibras se espiralam para dentro da superfície mais interna (endocárdica), mantendo uma com orientação longitudinal, mas angulada perpendicularmente em relação às fibras mais externas, um fato já observado por Ludwig em 1849 (Greenbaum et al., 1981). No centro do vórtex há uma pequena área central sem fibras musculares, fato observado por Lower em 1669 (Greenbaum et al., 1981, Williams & Warwick, 1980 e Bradfield et al., 1977).

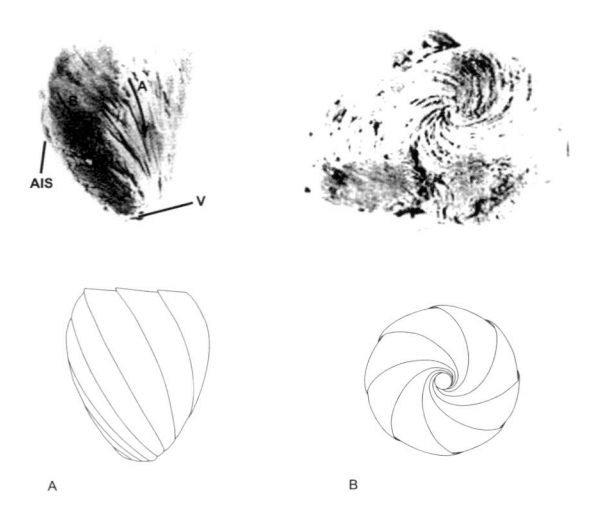

Figura 1 – Aspecto frontal (A) e apical (B) após retirada do epicárdio do ventrículo esquerdo (modificado de Fox & Hutchins, 1971, e Greenbaum et al., 1981).

A superfície mais externa e a mais interna podem ser concebidas como duas conchas e o espaço entre elas como o grosso da massa muscular, cuja subdivisão em camadas adicionais é sujeita a muitas controvérsias, possivelmente porque a aparente direção das fibras depende do modo de dissecção. Aqui, também, há um denominador comum, pois a maioria dos estudos notou uma considerável quantidade de fibras com disposição circunferencial no meio da espessura miocárdica, fato já notado por Senac em 1749 (Greenbaum et al., 1981). Outros conceberam uma disposição regular e simétrica das fibras como que correndo em camadas. Este conceito foi desenvolvido por Pettigrew em 1860 (Pittigrew 1860, Greenbaum et al., 1981 e Williams & Warwick, 1980) fazendo uma analogia com retas paralelas inscritas em uma folha de papel enrolada em forma de cone (Figura 2A). Krehl, em 1981 (Williams & Warwick, 1980), também concebeu as fibras cardíacas dispostas em camadas e arranjadas como superfícies cônicas aninhadas, mas também considerou que as fibras externas e internas fariam continuidade na base, além da continuidade no ápex. Este arranjo formaria figuras de oito (algarismo 8).

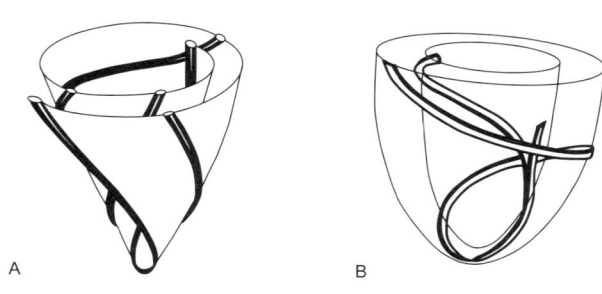

Figura 2 – (A) Conceito de Pettigrew, simulação da disposição das fibras subepicárdicas e subendocárdicas como uma folha de papel dobrada em forma de cone (modificado de Torrent-Guasp, 1972a); (B) esquema elaborado por Grant para explicar
a continuação das fibras externas com as internas (Grant, 1965).

MacCallum (1900) e Mall (1910) descreveram um complexo arranjo de bandas miocárdicas penetrando as paredes ventriculares:
(a) banda bulboespiral superficial, nascendo do lado esquerdo da
junção ventrículo-aórtica e mitro-aórtica, e terminando no septo
interventricular após seguir um curso posterior e com obliqüidade
inferior; (b) banda sinoespiral superficial, originando-se de trás da
inserção da válvula mitral, passando obliquamente sobre o ventrículo direito e dirigindo-se para o ápex cardíaco (ápex do ventrículo esquerdo) e aí espiralando-se para dentro da cavidade ventricular
esquerda e terminando nos músculos papilares; (c) banda sinoespiral profunda, circulando as bases de ambos os ventrículos; (d)
banda bulboespiral profunda, formando um anel em volta do orifício mitro-aórtico. Robert Grant (1965) demonstrou que o conceito
de bandas musculares separadas era falso. Chamou a atenção para a
estrutura ramificada do miocárdio, concluindo que o julgamento
subjetivo do anatomista pode influenciar a direção de dissecção e
assim criar artificialmente aparentes bandas musculares. Elaborou
esquemas elucidativos mostrando que as fibras epicárdicas invagi-
nam-se no vórtex, tornando-se fibras endocárdicas com inclinação
oposta (Figura 2B).

Este arcabouço conceitual é, basicamente, endossado pelos trabalhos mais recentes de Torrent-Guasp (Torrent-Guasp, 1972a, 1972b,
1980). Ele é, provavelmente, o estudioso mais profícuo e respeitado

dos últimos 30 anos. Desenvolveu a idéia de caminhos preferenciais. Sua abordagem foi seguir os caminhos fibróticos principais por meio da substância do miocárdio, em vez de dissecar de forma paralela à superfície. Baseou a validade desta abordagem na consistência do método que, quando usado, mostrou planos sucessivos com uma aparência de turbante dentro da massa ventricular. Com base nestas dissecções, concluiu que os caminhos fibróticos principais formam um conjunto de folhas espirais cônicas aninhadas (Figura 3). Passando da base para o ápex, ele notou uma reversão na orientação das folhas interdigitais ocorrendo na região equatorial dos ventrículos. Mostrou que os elementos basais correm da superfície epicárdica para a superfície endocárdica do ventrículo sem haver inserção no anulo fibroso, de tal forma que somente um pequeno grupo de fibras conecta-se no anulo. Baseado nestes estudos, propôs um modelo, no qual um conjunto de caminhos fibrosos se estenderia da aorta até o tronco da artéria pulmonar, circulando o ventrículo como uma figura de oito e assemelhando-se a uma corda achatada.

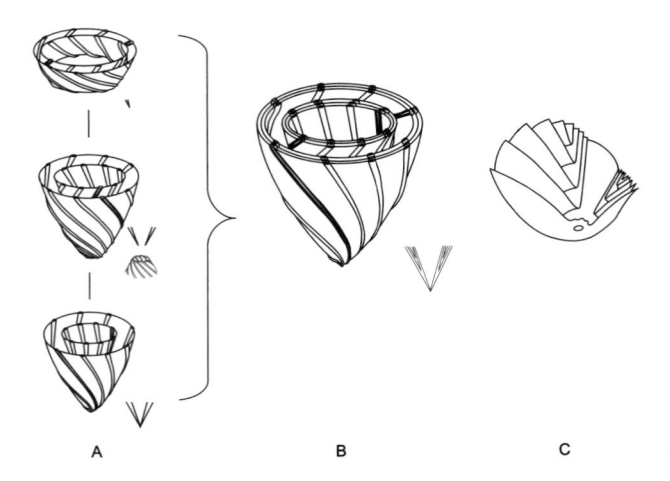

Figura 3 – Conceito de "duplos cones", em três níveis (modificado de Torrent-Guasp, 1972a).

Streeter e colaboradores (Streeter et al., 1969 e Streeter e Hanna, 1973) quantificaram o arranjo das fibras miocárdicas medindo os ângulos fibrosos do ventrículo esquerdo canino com microscopia óptica, em secções seriadas de parafina de blocos da parede livre, do epicárdio ao endocárdio, em vários níveis. Mediram-se as angulações das direções das fibras, com as linhas de latitude do ventrículo esquerdo. Encontraram uma distribuição bem ordenada das angulações das fibras com cifras variando de 67.5 a 90 graus na superfície endocárdica e a 67.5 a 90 graus na superfície epicárdica. Seus dados indicam que as fibras longitudinais são orientadas longitudinalmente e que esta disposição muda gradualmente, assim que se penetra o estrato, para uma inclinação angular menor, ficando as fibras quase que circulares no meio da espessura, de onde continuam a angular-se em direção oposta, ficando novamente longitudinais na superfície endocárdica. O padrão de angulação das fibras não mudou muito durante a transição de diástole para sístole, apesar do aumento na espessura de 28%. A Figura 4 ilustra os achados de Streeter et al. (1969).

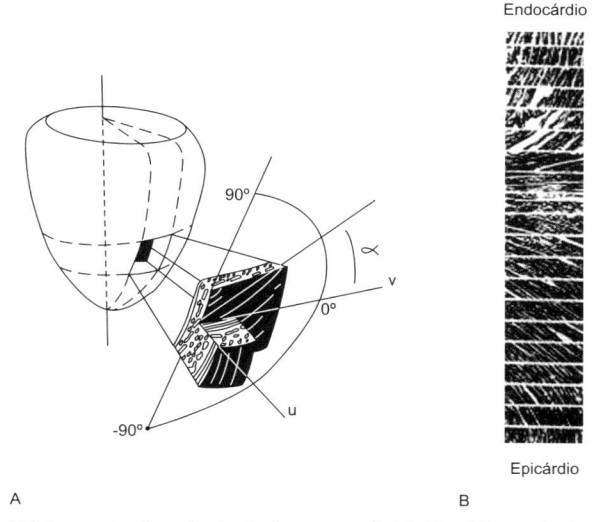

Figura 4- (A) ilustração do método de Streeter et al. (1969); (B) seqüência típica dos cortes microscópicos seriados, do plano encocárdico ao plano epicárdico, modificado de Streeter et al. (1969).

Reduzindo aos termos mais simples, podemos sumariar a arquitetura do ventrículo esquerdo dizendo que se assemelha a um parabolóide ou elipsóide de revolução com paredes espessas formadas por fibras que se dispõem, de forma geral, em curvas helicoidais de inclinações variáveis. Do ponto de vista geométrico, como estas fibras deveriam estar dispostas partindo-se de uma figura geométrica de revolução? Em nível microscópico, podemos afirmar que os cardiomiócitos são estruturas retilíneas tanto pelo estudo ultramicroscópico dos sarcômeros, como também pela função de desenvolver força mecânica, como já foi dito uma grandeza vetorial. Por outro lado, sabe-se que uma reta, ou a menor distância entre dois pontos em uma superfície, é uma curva geodésica.

O objetivo deste trabalho foi desenvolver um modelo matemático simples para a disposição das fibras miocárdicas do ventrículo esquerdo com a premissa de que as fibras devem seguir linhas geodésicas e compará-lo com os dados anatômicos disponíveis.

Modelo

O ventrículo esquerdo tem sido comparado com um elipsóide ou um parabolóide de revolução. Como as fibras musculares são estruturas retilíneas, herdadas da função mecânica dos sarcômeros, devem percorrer as menores distâncias e, estando em uma superfície curva, devem seguir linhas geodésicas. A bem da simplicidade matemática, o arranjo das fibras miocárdicas do ventrículo esquerdo é modelado aqui como linhas geodésicas inscritas em uma superfície de revolução parabolóide.

Premissas
- O ventrículo esquerdo assemelha-se a um parabolóide de revolução de paredes espessas.
- A fibra se dispõe como linhas geodésicas paralelas.
- As linhas geodésicas devem cobrir toda a superfície do parabolóide.
- As linhas não devem se cruzar.
- O parabolóide de revolução tem um sistema de referência ortogonal, onde x e y são eixos transversais, e z é um eixo longitudinal.

Formulação

Cada ponto x, y, z de um parabolóide pode ser escrito da seguinte forma:

$$\begin{cases} x = r\cos\theta \\ y = r\sin\theta \\ z = b_1 + b_2 r^2 \end{cases}$$

onde

θ é o ângulo da projeção de qualquer ponto de uma linha geodésica e seu respectivo raio r de secção circular no plano de referência x, y (Figura 5). Assim, todo ponto do parabolóide tem "coordenadas" $((r,\theta))$ com $r \geq 0$ e $-\infty < \theta < \infty$ (ou, para $r > 0$, com um θ único satisfazendo $0 \leq \theta\ 2\ \pi$).

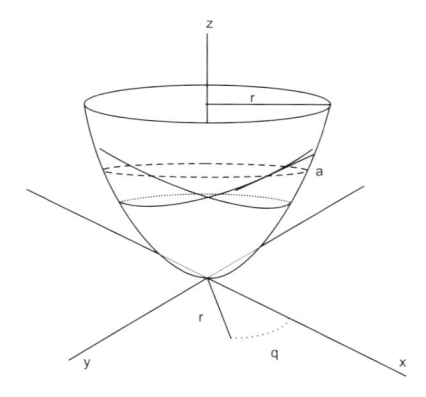

Figura 5 – Parabolóide com linha geodésica.

Linhas geodésicas em uma superfície de revolução satisfazem a relação de Clairaut (do Carmo, 1976 e Struik, 1988); assim, cada ponto $(r\cos\theta, r\sin\theta, b_1 + b_2 r^2)$ da linha geodésica satisfaz

$$r\cos\alpha = c$$

onde

α é o ângulo entre a linha geodésica e a secção de raio r e c é uma constante.

Se um ponto em uma linha geodésica tem coordenadas (r_0, θ_0), então os outros pontos no mesmo "ramo" têm coordenadas $(r, \theta(r))$ onde θ pode ser determinado, para o parabolóide de revolução, por

$$\theta(r) = \pm \frac{c}{\rho}\int_{r_0}^{r_n} \sqrt{\frac{1 + 4b_2^2 \rho^2}{\rho^2 - c^2}}\, d\rho + \theta_0$$

Para cada ponto no parabolóide e para cada direção, há exatamente uma geodésica que passa por este ponto e por esta direção. Pela relação de Clairaut, se $r = c$, então a tangente à linha geodésica neste ponto é horizontal. Na verdade, as linhas geodésicas movem-se para baixo até atingir a secção circular de raio c e então se voltam para cima (Figura 6). O significado da relação de Clairaut é que, para uma dada superfície de revolução, cada linha geodésica é caracterizada por uma constante c e quando o raio r, da secção circular correspondente a cada ponto da curva é igual a c, o ângulo da linha geodésica é zero. A interpretação é que assim que a curva se move em direção ao ápex do parabolóide e chega ao ponto correspondente a c, ela move-se para cima. Para um mesmo parabolóide há infinitas curvas geodésicas com diferentes constantes c.

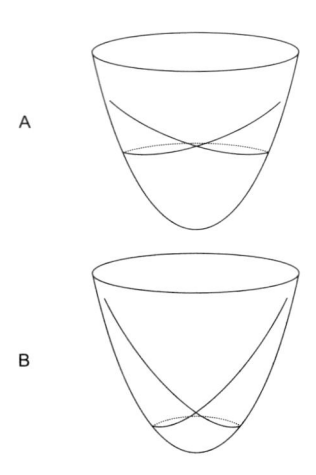

Figura 6 – Diferentes linhas geodésicas com diferentes constantes c.

Linhas geodésicas paralelas cobrirão o parabolóide até o nível de *c*. A superfície coberta pelas geodésicas pode ser vista como um parabolóide truncado. Por outro lado, os dois ramos das linhas geodésicas cruzar-se-ão muitas vezes. Para que não haja cruzamentos, i.é., para satisfazer o modelo, o segundo ramo da curva deve seguir em uma superfície diferente. Então, modelou-se uma segunda superfície parabolóide interseccionada com a primeira, ambas compartilhando um círculo de raio *c* de secção circular (Figura 7).

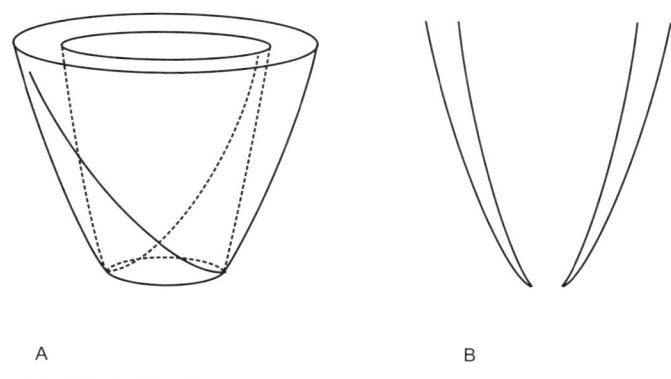

A   B

Figura 7 – (A) Gráfico demonstrativo de duas superfícies parabolóides truncadas compartilhando um mesmo raio *c*. Neste contexto, uma linha geodésica caminha nas duas superfícies e não se cruza. (B) Secção longitudinal.

Para estar de acordo com as premissas, este par de conchas limitam um espaço tridimensional ocupado por adicionais pares de conchas aninhadas. Três pares adicionais de superfícies paralelas uniformemente distantes umas das outras em relação a um raio comum *r,r,r*, correspondentes a constantes *c,c,c* respectivamente. Os quatro pares de conchas aninhadas estão ilustradas nas Figuras 8 e 9.

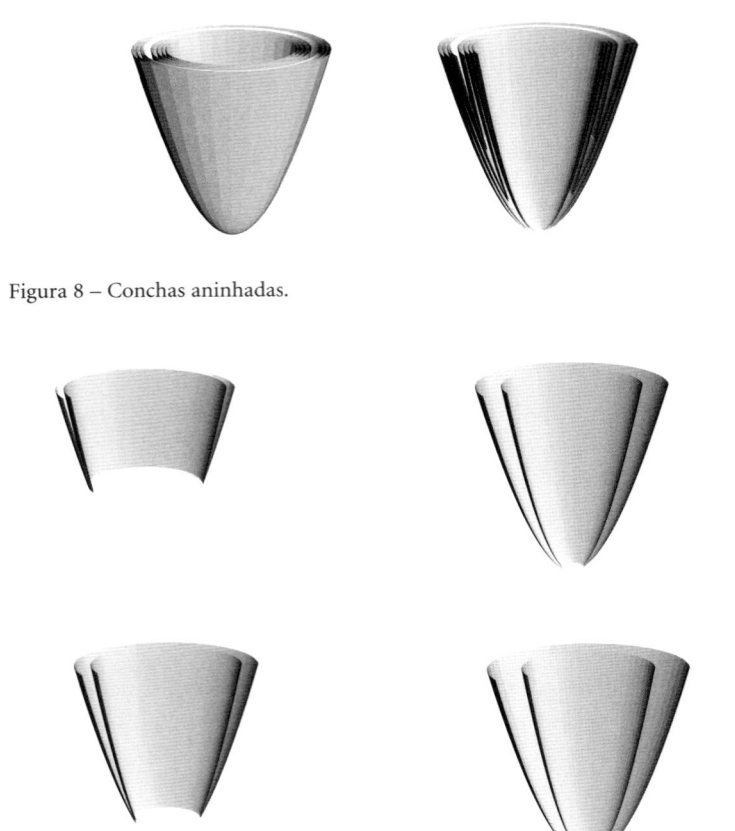

Figura 8 – Conchas aninhadas.

Figura 9 – Ilustração das conchas aninhadas, separadamente.

Nas Figuras 10 a 13 estão apresentados os gráficos computacionais das curvas geodésicas dos quatro pares de conchas aninhadas. As curvas geodésicas são plotadas sobre as duas superfícies (externa e interna) de cada par de conchas, sob inclinação superior e inclinação inferior.

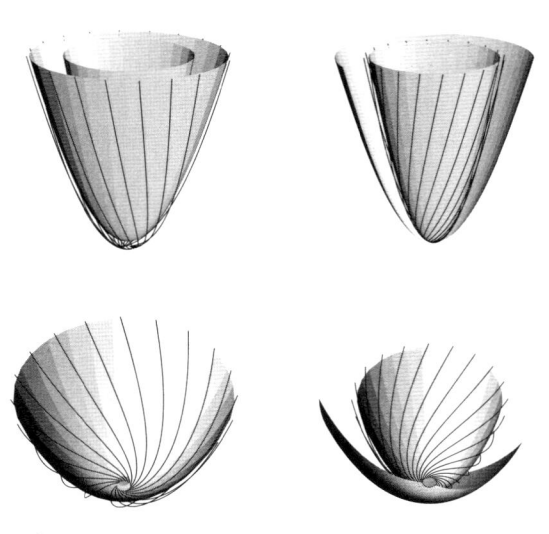

Figura 10 – Gráficos computacionais das geodésicas do primeiro par de conchas aninhadas, vistos sob inclinações superior e inferior.

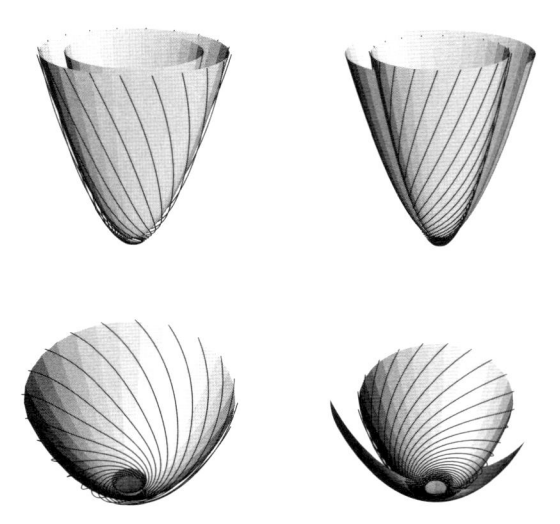

Figura 11 - Gráficos computacionais das geodésicas do segundo par de conchas aninhadas, vistos sob inclinações superior e inferior.

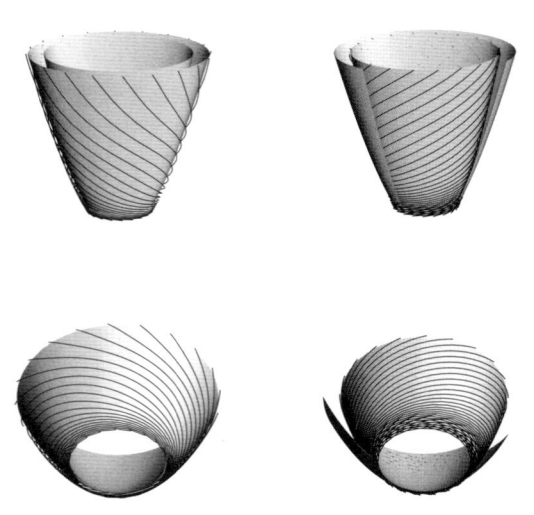

Figura 12 - Gráficos computacionais das geodésicas do terceiro par de conchas aninhadas, vistos sob inclinações superior e inferior.

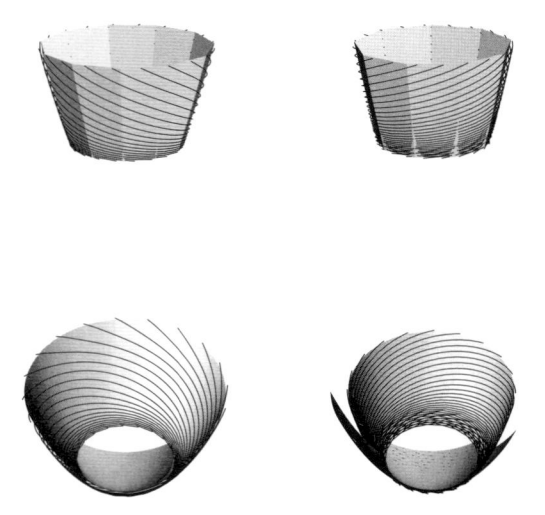

Figura 13 - Gráficos computacionais das geodésicas do quarto par de conchas aninhadas, vistos sob inclinações superior e inferior.

Calculou-se o valor dos ângulos da intersecção de cada linha geodésica com o respectivo circulo de raio r, em três níveis representando o 1º, 2º e 3º quartil da dimensão longitudinal, partindo do ápex (Figura 14A). Estes valores foram comparados com as medidas da angulação das fibras miocárdicas do ventrículo esquerdo do cão, obtidas por Streeter et al. (1969, de suas Figuras 5A e 5B), distribuídas segundo a percentagem da distância entre o endocárdio (0%) e o epicárdio (100%). Os blocos foram retirados de vários níveis, como ilustrado na Figura 14B.

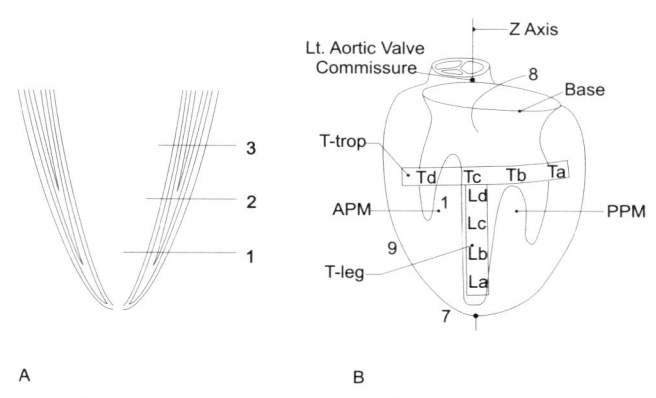

Figura 14 – (A) Os três níveis (quartis) em que foram calculadas as inclinações das linhas geodésicas do modelo. (B) Esquema de Streeter et al. (1969) para ilustrar os níveis do ventrículo esquerdo, de onde foram retirados blocos para estudo.

Na Figura 15, estão plotados os ângulos das geodésicas em três diferentes níveis (quartis) da dimensão longitudinal das conchas. Em todos os três gráficos, estão também representadas as mesmas inclinações das fibras miocárdicas retiradas da posição "T-Leg" e medidas por Streeter et al. (1969). As medidas anatômicas representam médias dos valores encontrados. Os dados geométricos estão plotados contra as conchas e os dados anatômicos contra a espessura da parede miocárdica expressa de 0% (endocárdio) a 100% (epicárdio). Steeter et al. (1969) reconhecem que os primeiros cortes das superfícies subepicárdica e subendocárdica foram perdidos e que os ângulos médios destas superfícies devem, na verdade, ser maiores que os relatados no artigo. Levado em conta este fato, fez-se uma "correção" destes dados anatômicos admitindo uma perda de 10% em cada superfície. Assim, em vez de seus dados se estenderem de 0% (subendocárdio) a 100% (subepicárdio) passam a se estender de 10 a 90% da espessura da parede ventricular. A Figura 16 apresenta os mesmos ângulos do modelo, apresentados na Figura 15, mas os dados de Streeter et al. (1969) estão "corrigidos", correspondentes ao nível ventricular "T-Leg". Todos os outros elementos da Figura 16 são iguais aos da Figura 15.

Na Figura 17, os ângulos das geodésicas estão plotados da mesma forma que na Figura 15, porém, os dados anatômicos de Streeter et al. (1969) correspondem ao nível "T-Top". Na Figura 18, estão plotados, junto com os ângulos das geodésicas, os valores médios dos ângulos das inclinações das fibras miocárdicas do estudo de Streeter et al. (1969) referentes ao nível ventricular "T-Top", porém "corrigidas", como na Figura 16.

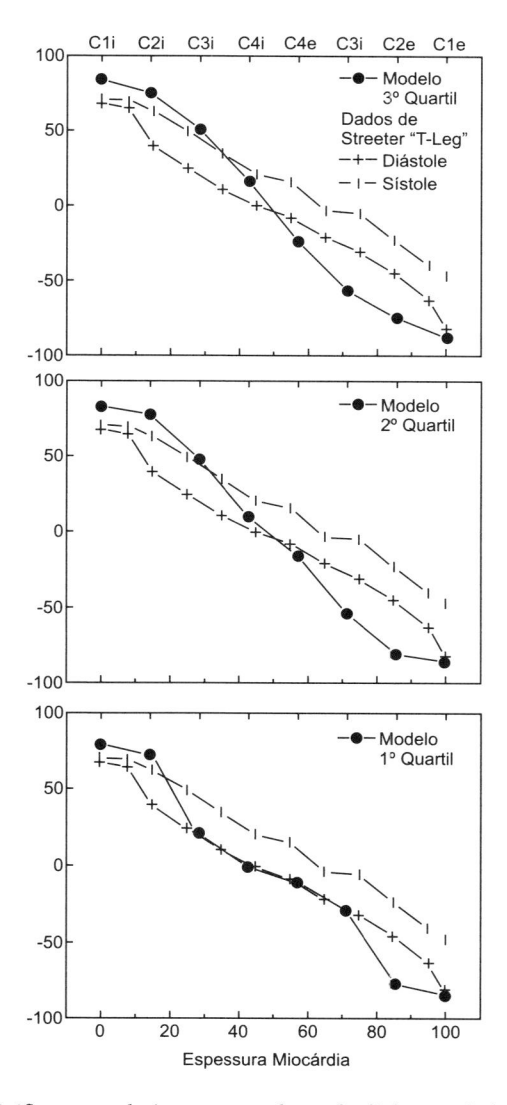

Figura 15 – Gráficos que relacionam a angulação das linhas geodésicas, da camada mais externa (e) à camada mais interna (i) em três níveis longitudinais (quartis)do modelo (●). Nos três gráficos, estão também representados os dados de Streeter et al. (1969), em sístole (-) e diástole (+), para a posição "T-leg".

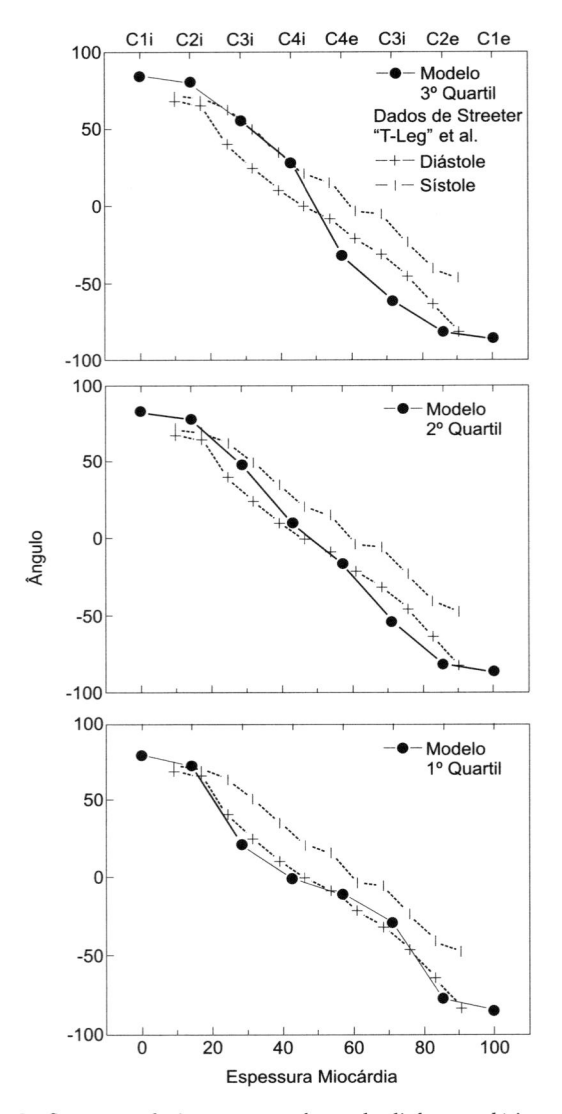

Figura 16 – Gráficos que relacionam a angulação das linhas geodésicas, da camada mais externa (e) à camada mais interna (i) em três níveis longitudinais (quartis) do modelo (●). Nos três gráficos estão também representados os dados de Streeter et al. (1969) "corrigidos", em sístole (-) e diástole (+), para a posição "T-leg".

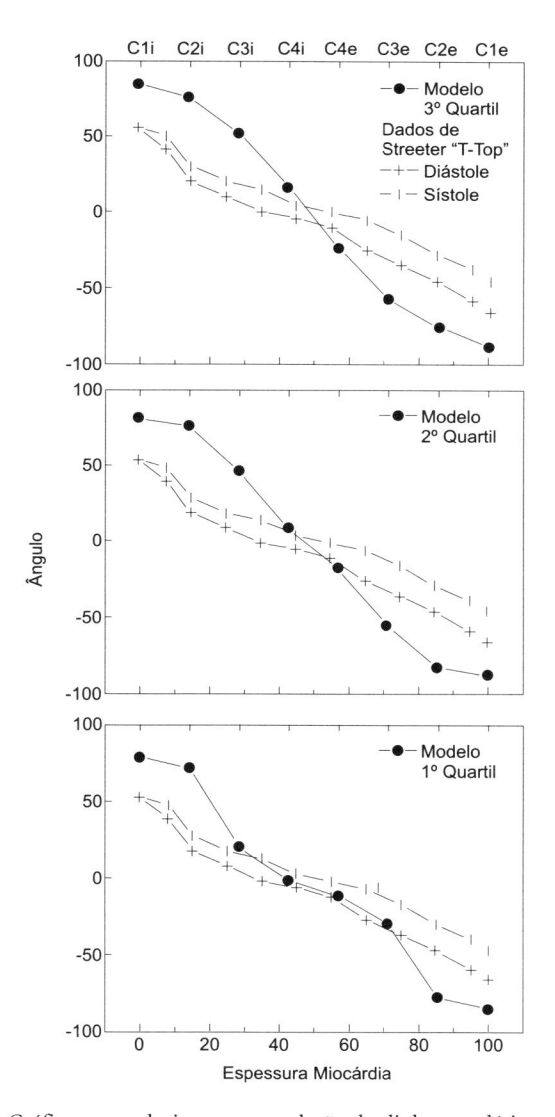

Figura 17 – Gráficos que relacionam a angulação das linhas geodésicas, da camada mais externa (e) à camada mais interna (i) em três níveis longitudinais (quartis) do modelo (●). Nos três gráficos estão também representados os dados de Streeter et al. (1969), em sístole (-) e diástole (+), para a posição "T-top".

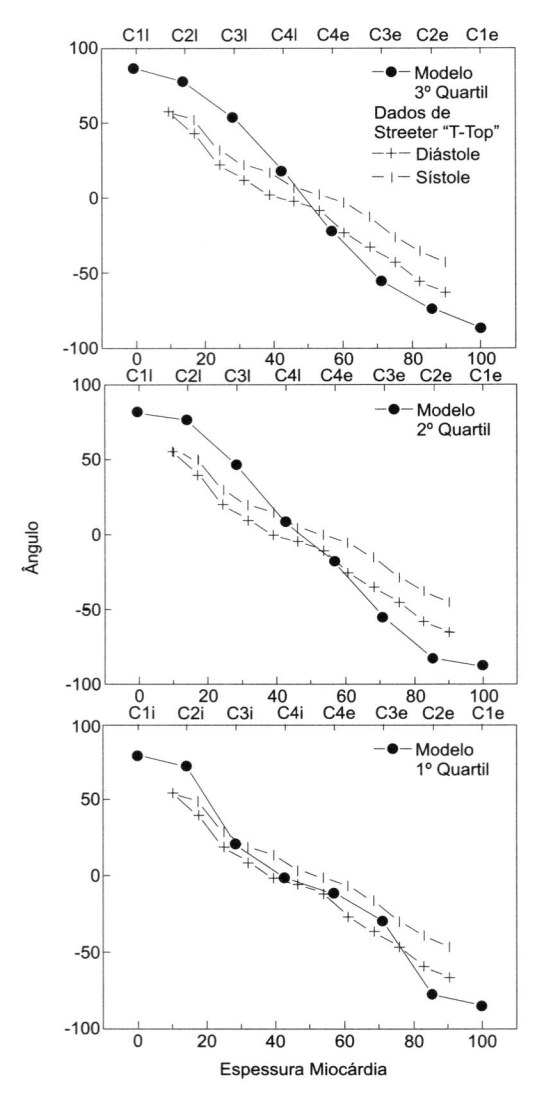

Figura 18 – Gráficos que relacionam a angulação das linhas geodésicas, da camada mais externa (e) à camada mais interna (i) em três níveis longitudinais (quartis) do modelo (•). Nos três gráficos estão também representados os dados de Streeter et al. (1969) "corrigidos", em sístole (-) e diástole (+), para a posição "T-top".

Discussão

Este modelo parte de três premissas com três objetos geométricos: (a) o ventrículo esquerdo se assemelha a um paraboloide de revolução de paredes espessas; (b) os cardiomiócitos e as fibras por eles formados devem seguir os menores caminhos, ou seja, linhas geodésicas; (c) as geodésicas não devem se cruzar, já que o cruzamento de linhas é despido de qualquer sentido anatômico. O modelo é conseqüência destas premissas. A primeira definição é dos limites desta figura tridimensional, ou seja, o primeiro par de superfícies, a mais externa sendo a contrapartida da superfície subepicárdica e a mais interna a contrapartida da superfície subendocárdica. Esta parte do modelamento é obviamente necessária para satisfazer a premissa de paredes espessas, pois isto implica a existência de pelo menos duas, uma interna e uma externa. Mas a formação da segunda superfície é também uma conseqüência da inscrição das geodésicas na primeira superfície, pois como estas devem se dirigir ao ápex e voltar para a base, uma segunda superfície é necessária para satisfazer a terceira premissa, qual seja, não deve haver cruzamentos. Por outro lado, esta disposição cria um espaço entre as conchas, que diminui progressivamente da base para o ápex.

Esta disposição inicial se assemelha à forma do ventrículo esquerdo, pois: (1) tem a forma de um paraboloide de revolução; (2) suas superfícies subepicárdica e subendocárdica se encontram, formando um orifício apical virtual porque no centro do vórtex não há fibras (Bradfield et al., 1977); (3) a espessura da parede diminui progressivamente da base para o ápex (Greenbaum et al., 1981).

Nesta parte inicial do modelo, as geodésicas são inscritas com inclinação longitudinal na maior parte da superfície externa, tornando-se horizontalizadas no ápex, onde formam um vórtex. Aí o ângulo de inclinação torna-se zero. Daí, formam um vórtex na superfície interna e rapidamente adquirem também inclinação longitudinal, mas de sentido contrário à contrapartida da concha externa. O modelo oferece continuidade entre estes dois "ramos". Esta disposição se assemelha aos estudos anatômicos já referidos: as fibras da superfície subepicárdica são longitudinais, formam um vórtex apical onde as fibras se imbricam e formam um vórtex na superfície subendocárdica, de onde assumem inclinação longitudinal, com sentido oposto às fibras subepicárdicas.

Uma outra conseqüência desta primeira parte do modelo é que fusão e imbricação de fibras devem ser necessárias e ocorrer, decorrência da premissa de que não devem se cruzar. Consideremos as linhas geodésicas das Figura 10. Em cada concha, plotaram-se 21 geodésicas igualmente espaçadas. Vê-se que na base as linhas estão bem separadas, mas se ajuntam, aproximando-se assintoticamente no ápex, onde formam o vórtex. É intuitivamente claro que se estivessem, já na base, muito próximas, deveriam se superpor no seu caminho para o ápex. Do ponto de vista matemático, não ocorre superposição, já que podemos considerar que as linhas têm espessura infinitamente pequena e se aproximarão assintoticamente sem nunca se tocar. Isto, é óbvio, não se obtém em uma estrutura material, nem mesmo na representação gráfica, pois as linhas dos traçados das geodésicas têm espessura finita (em qualquer meio de representação). Assim, elas devem se superpor mesmo no desenho. Estas considerações conduzem à conclusão de que as fibras miocárdicas contíguas, sendo estruturas reais, devem no seu caminho da base para o ápex, ou se fundir, ou se imbricar, ou as duas coisas. Os estudos anatômicos de Torrent-Guasp (1972, 1980), referentes ao coração do cão, da vaca e ovelha, demonstram um imbricamento das fibras na região do ápex, dispondo-se como um diafragma de câmara fotográfica.

Os valores dos ângulos de inclinação das geodésicas nestas duas superfícies são próximos dos relatados por Streeter et al. (1969) para as fibras miocárdicas. Trata-se de uma disposição predominantemente longitudinal. Há maior concordância em relação ao nível ventricular "T-Leg", que corresponde à metade apical da câmara. A concordância com a anatomia ventricular deve ser ainda maior, levando em consideração que no trabalho de Streeter e colaboradores, as primeiras "camadas" foram perdidas, conclusão tirada pelos próprios autores ao admitirem que, sem este erro técnico, as inclinações das fibras nas superfícies subendocárdica e subepicárdica deveriam chegar perto de ± 90º. A observação da Figura 16, onde estão plotados os ângulos das geodésicas junto com os valores "corrigidos" das inclinações das fibras, mostra que há uma grande concordância na faixa de 10 a 90% da espessura miocárdica e que uma extrapolação destes valores para os níveis das superfícies subendocárdica e subepicárdica levaria a valores muito próximos das respectivas linhas geodésicas do primeiro par de conchas.

O espaço delimitado por estas duas primeiras superfícies, aqui chamadas primeiro par de conchas, foi preenchido por outros pares aninhados. Esta construção é uma conseqüência do primeiro par: as superfícies de cada par subseqüente terão que ser paralelas às de seu antecedente, pois não deve haver cruzamento. Isto garante uma continuidade das linhas no par de superfícies. O nível em que a curva passa de uma para outra superfície corresponde ao raio igual à constante c, que é compartilhado pelas duas superfícies, que se osculam, mas não se cruzam. Sumariando, cada par interno forma também um orifício, onde as fibras atingem inclinação de zero grau e formam também um vórtex. Os adicionais pares de conchas aninhadas ficam localizados sucessivamente mais internamente, com orifícios inferiores, formando os vórtices, situados em *loci* sucessivamente mais altos (mais basais). Esta disposição é igual à concepção de "duplos cones" oferecida por Torrent-Guasp (1972a) a partir de dissecções do ventrículo esquerdo e também do conceito anatômico de superfícies cônicas aninhadas, advogado por Pettigrew e Krehl (Greenbaum et al., 1981 e Williams & Warwick, 1980).

A disposição das linhas geodésicas destes pares de conchas internos seguem o mesmo padrão do primeiro par, mas seus ângulos, com cada respectivo círculo de raio r, mudam progressiva e suavemente de uma inclinação longitudinal para inclinações mais horizontais, assim que se avança em direção ao par mais interno. Deste par mais interno em direção à superfície interna do primeiro par, as angulações mudam novamente, mas em direção oposta, de tal forma que as linhas se tornam, outra vez, progressivamente mais longitudinais. Este padrão de disposição está de acordo com os dados de Streeter e colaboradores (Streeter et al. 1969). A comparação dos dados geométricos e anatômicos pode ser observada nas Figuras 15 a 18. Parece claro que há maior concordância com os achados anatômicos correspondentes ao nível ventricular "T-Leg" que no nível "T-Top", o último correspondendo à base do ventrículo. A explicação desta diferença deve ser que o modelo parabolóide se aplica melhor à metade apical do ventrículo. Um modelo elipsóide contemplaria melhor a câmara como um todo.

Streeter & Hanna (1973), baseados nas medidas das inclinações das fibras miocárdicas, generalizaram os dados para um modelo de elipsóides aninhados não interseccionados por meio de equações, onde os ângulos medidos na porção superior do ventrículo ("T-Top") entraram como condição inicial para efeitos de cálculo. Seus resultados mostram uma concordância em relação às porções média e apical, mas discordância em relação à base ("T-top"). Este modelo não abrange o ápex e, conseqüentemente, nele não há vórtex nem continuidade das curvas da concha elipsoidal externa com a mais interna; as conchas são aninhadas, mas isoladas umas das outras.

Um argumento fundamental deste modelo é que as fibras miocárdicas são retilíneas, porque geram força e esta é uma grandeza linear. Assim devem se arranjar como linhas geodésicas. Mas, do ponto de vista teleológico, qual a vantagem mecânica desta disposição geodésica? Sallin (1969) mostrou que o arranjo helicoidal das fibras confere uma vantagem mecânica para o ventrículo esquerdo, quando comparadas com fibras circulares. Considerando fibras como linhas circulares em um elipsóide de revolução, Sallin demonstra que para um encurtamento da fibra contrátil de 20% (nível fisiológico) a fração de ejeção (diferença entre os volumes diastólico e sistólico dividida pelo volume diastólico) seria de 0.36, um valor muito menor do que encontrado normalmente, da ordem de 0.7. Já os mesmos cálculos, mas considerando-se as fibras como linhas helicoidais, resultam em valores normais de fração de ejeção.

Podemos com certa aproximação dizer que a contração do ventrículo esquerdo é uma modificação isomórfica de sua geometria, ou seja, preserva as relações entre seus elementos, o que supõe uma modificação semelhante em todas as dimensões. Se as fibras fossem somente circulares, não haveria encurtamento no sentido longitudinal e a excentricidade da cavidade estaria modificada, ou seja, um mapeamento heteromórfico. Do ponto de vista fisiológico, este modelo seria, além disto, insuficiente para gerar uma contração normal e incompatível com a descida da base em direção ao ápex; o aumento de volume do átrio esquerdo teria que ser feito à custa da expansão lateral e, como a região posterior do átrio esquerdo se acha colada nas estruturas adjacentes, não haveria espaço para a variação volumétrica durante o ciclo cardíaco. A outra situação teria como modelo uma disposição só com fibras longitudinais e, neste caso, o longo eixo se reduziria em 20% e haveria uma grande redução da excentricidade, além de ser claramente insuficiente para gerar uma redução volumétrica compatível com a fração de ejeção normal. Estas considerações, junto com as que foram colocadas por Sallin, mostram que a disposição geodésica ou helicoidal das fibras é necessária para um órgão com a função mecânica do coração.

Consideremos agora a tensão parietal; o aumento de pressão intracavitária é distribuído uniformemente e leva a tensões parietais em todas as direções. Fossem as fibras somente circulares, somente longitudinais, ou mesmo circulares e longitudinais, não haveria suporte tensional em todas as direções. Já a disposição geodésica das fibras leva, como este trabalho demonstra, a uma disposição tal que no seu conjunto estão contempladas quase todas as direções possíveis. Este é outro argumento mecânico mostrando a eficiência da disposição geodésica.

Do ponto de vista matemático, dada uma superfície de revolução e um parâmetro c, a inclinação das linhas geodésicas fica determinada e cobrirá a superfície até o nível de c. Isto é o mesmo que dizer que as linhas geodésicas se inclinam de forma a cobrir inteiramente a superfície até c. Por outro lado, há um número infinito de linhas geodésicas em um determinado parabolóide de revolução, dependendo da escolha do parâmetro c. Para coadunar com a anatomia, o par de conchas mais exterior deve ter um pequeno c de tal forma que suas geodésicas cobrirão quase que inteiramente a superfície parabólica. A figura geométrica resultante é alongada e suas linhas geodésicas têm uma inclinação longitudinal e ângulos de inclinação maiores. Os pares de conchas mais internos, sendo parabolóides progressivamente mais truncados, são figuras geométricas mais curtas e têm constantes c progressivamente maiores e, conseqüentemente, ângulos de inclinação maiores e disposição mais horizontal.

Esta é a única forma de cobrir toda a superfície com um padrão único de geodésicas, de outra forma haveria dois ou mais conjuntos de fibras, subdividindo a superfície. Pode-se dizer que pelo menos a superfície subepicárdica do ventrículo esquerdo não é subdividida, parecendo que as fibras se ordenam para cobrir toda a superfície. É possível que, durante o processo de crescimento, os cardiomiócitos sejam orientados em direções que sigam tensões parietais como campos de linhas de tensão que cubram toda a superfície. Superfícies com uma forma mais alongada teriam linhas de tensão mais longitudinais, superfícies com forma mais larga teriam linhas de tensão com uma disposição mais horizontal. Certo suporte a este conceito pode ser encontrado no trabalho de Rohr & Scher (1991), na sua descrição do padrão de crescimento de cardiomiócitos em cultura. Trabalhando com substratos de cultura de larguras diferentes (canais), notaram que a orientação dos cardiomiócitos era função da geometria do substrato: canais mais largos estavam associados com orientação mais horizontal das células, canais mais estreitos com orientação mais longitudinal.

O modelo está de acordo com o fato de o tecido miocárdico ser um sincício funcional e a ramificação das células deve necessariamente ter pequenos ângulos. Isto permitiria conexões intra-superficiais e inter-superficiais. Assim, duas superfícies paralelas muito próximas terão parâmetros c muito próximos e suas linhas geodésicas diferirão muito pouco em direção. Então, o modelo prediz que a mudança das angulações das fibras, na direção do epicárdio ao endocárdio, deve ser progressiva e suave.

Os dados de Streeter et al. (1969) demonstram uma mudança angular progressiva e suave. Isto pode também ser apreciado nos dados de Greenbaum et al. (1981) quantificando a angulação das fibras do coração humano, apesar de que notaram distribuição angular mais irregular, particularmente na base.

Limitações

Este é um modelo muito simplificado e não dá conta das fibras espiralantes na base do ventrículo, onde parece haver conexões entre as camadas mais externas e mais internas, da mesma forma que no ápex. Um modelo mais realista deveria partir da superfície de um frustum de elipsóide de revolução ou de uma superfície toroidal elíptica. Entretanto, o presente modelo oferece uma semelhança próxima com o corpo e ápex do ventrículo esquerdo e, aparentemente, é suficiente para demonstrar que as fibras miocárdicas parecem seguir direções geodésicas.

Claro que suposições acerca da forma geométrica do ventrículo esquerdo são, na melhor das hipóteses, somente aproximações razoáveis da realidade anatômica, o que é suficiente para justificar alguns afastamentos do modelo de disposição geodésica. Há uma razoável variação biológica e muitas vezes as paredes ventriculares não são axisimétricas. Isto é particularmente verdadeiro no que se refere à parede ínfero-posterior do ventrículo esquerdo, pois, com freqüência, tem uma concavidade externa enquanto que a parede ântero-superior tem, em geral, uma convexidade externa. Greenbaum et al. (1981), em seu estudo quantitativo de corações humanos, notaram que a disposição das fibras estava de acordo com os relatos de Streeter et al. (1969) em referência a blocos de regiões similares, mas notaram considerável variação regional na forma das câmaras e no arranjo das fibras em outras regiões.

O modelo não leva em conta os músculos papilares nem as trabeculações. Por outro lado, sabe-se que as fibras do ventrículo direito têm também continuidade com as do ventrículo esquerdo e esta disposição está fora do alcance da estrutura que foi idealizada. Greenbaum et al. (1981) alertaram para "idéias procústeas e supersimplificadas", concernentes à complexa arquitetura da disposição das fibras miocárdicas. No entanto, há uma ordem quando consideramos os pontos principais da disposição das fibras e uma representação por linhas geodésicas parece defensável.

Referências bibliográficas

BRADFIELD J. W. B.; BECK, G.; VECHT, R. J. *Left ventricular apical thin point*. Br Heart J 39:806-809, 1977.

DEBOUCHER, G. *Physique Cardio-vasculaire*. Paris: Masson et Cie., 1974.

DO CARMO M. P. *Differential Geometry of Curves and Surfaces*. Englewood Cliffs: Prentice-Hall, 1976.

DODGE, H. T. *Hemodynamic aspects of cardiac failure*. In Braunwald, E. (ed.): The Myocardium: Failure and Infarction. Nova York: HP Publishing Co., 1974.

FLETT, R. L. *The musculature of the heart with its application to physiology and a note on heart rupture*. J Anat 62:439-475, 1928.

FOX, C. C.; HUTCHINS, G. M. *The architecture of the human ventricular myocardium*. J Hopkins Med J 130:289-299, 1971.

GRANT, R. P. *Notes on the muscular architecture of the left ventricle*. Circulation 32:301-308, 1965.

GRAY, A. *Modern Differential Geometry of Curves and Surfaces*. Boca Raton: CRC PRESS, 1993.

GREENBAUM, R. A.; HO, S. Y.; GIBSON, D. G.; BECKER, A. E.; ANDERSON, R. H. *Left ventricular architecture in man*. Br Heart J 45:248-263, 1981.

HARVEY, W. *An anatomical disquisition on the motion of the heart and blood in animals* (1628). In : Willis FA, Keys TE eds. Cardiac classics. Londres: Henry Kimpton, 19-79, 1941.

HILBERT, D.; COHN-VOSSEN. *Geometry and Imagination*. Nova York: Chelsea Publishing Company, 1952.

LEV, M.; SIMKINS, C. S. *Architecture of the human ventricular myocardium: technic for study using a modification of the Mall-MacCallum method*. Lab Invest 5:396-409, 1956.

LUDWIG, C. *Ueber den Bau und die Bewegungen der Herzventrikel*. Zeitschrift fur rationelle Medizin 7:189-220, 1840.

MACCALLUM, J. B. *On the muscular architecture and growth of the ventricles of the heart*. Johns Hopkins Hosp. Rep. 9:307, 1900.

MALL, F. P. *On the muscular architecture of the ventricles of the heart*. Mer. J. Anat. 11:211, 1911.

MINEZAKI, K. K.; WANG, L.; YAMADA, Y.; SHINOZAKI, Y.; OKINO, H. *Limitations in calculating left ventricular volume by two dimensional geometry – An excised canine heart study*. Tokay J Exp Clin Med 14:199-210, 1989.

PETTIGREW, J. B. *On the arrangement of the muscular fibres in the ventricles of the vertebrate heart, with physiological remarks*. Philos. Trans. 10:433-440, 1860.

ROB, S.; ROBB, R. C. *The normal heart, anatomy and physiology of the structural units*. Am Heart J 23:455-467, 1942.

ROHR, S.; SCHER, F. *Patterned growth of neonatal rat heart cells in culture*. Circ Res 68:114-130, 1991.

RUSHMER, R. F. *Cardiovascular Dynamics*. Filadélfia: WB Saunders, 1970.

SALLIN, E. A. *Fiber orientation and ejection fraction in the human left ventricle.* Biophys J 9:954-974, 1969.

SANDLER, H.; DODGE, H. T. *Angiographic methods for determination of left ventricular geometry and volume.* In MIRSKY, I.; GHISTA, D. N.; SANDLER, H. (eds.): Cardiac Mechanics: Physiological, Clinical and Mathematical Considerations. Nova York: John Wiley and Sons, 1974.

SCHILLER, N. B.; SHAH, P. M.; CRAWFORD, M. et al. Recommendations for quantitation of the left ventricle by two-dimensional echocardiography. J. Am. Soc. Echocardiogr. 2:358, 1989.

SENAC J. B. *And a note on heart rupture.* Traité de la structure du coeur. Paris; J. Vincent, 1749.

SOMMER R.J.; JENNINGS R. B. *Ultrastructure of Cardiac Muscle.* In Fozzard HA, Jennings RB, Morgan HE. The Cardiac and Cardiovascular System. Scientific Foundations, Second Edition, Nova York: Raven Press, 1991.

STENSEN, N. *De musculis et glandulis observationum specimen cum epistolis duabus anatomicis.* Amsterdã: P le Grand, 1662:90.

STREETER, D. D. JR; SPOTNITZ, H. M.; PATEL, D. P.; ROSS J. JR; SONNENBLICK, E. H. *Fiber orientation in the canine left ventricle during diastole and systole.* Circ Res 24:339-347, 1969.

STREETER, D. D. JR; HANNA, W. T. *Engineering mechanics for successive states in canine left ventricular myocardium.* II. Fiber angle and sarcomere length. Circ Res 33:656-664, 1973.

STRUIK, D. J. *Lecturees on Classical Differential Geometry*, Second Edition, Reading: Addison-Wesley, 1988.

THANE, D. G. *Quain's element of anatomy.* 10th ed. Vol 2, Londres; Longman, 1890-1892

TORRENT-GUASP, F. *La estructuracion macroscopica del miocardio ventricular izquierdo*: *1) Mitad apexiana.* Revista Espanhola de Cardiologia; 25:68-81,1972a.

_____. *Estructuracion macroscopica del miocardio ventricular izquierdo: 1) La mitad basal.* Revista Espanhola de Cardiologia; 25:109-118,1972b.

_____. *La estruturación macroscópica del miocárdio ventricular.* Revista Espanhola de Cardiologia; 33:265-287, 1980.

WILLIAMS, P. L.; WARWICK, R. *Gray's Anatomy.* 36th Edition, Filadélfia: W. B. Saunders, 1980.

7 ARRITMIA SINUSAL RESPIRATÓRIA: APLICAÇÃO DE MODELOS MATEMÁTICOS EM HUMANOS

Luiz Eduardo Barreto Martins, Jocelyn Freitas Bennaton, Lourenço Gallo Jr.

Etapa indispensável na formulação de qualquer modelo matemático é a validação ou teste. Isto consiste em comparar dados já disponíveis sobre o comportamento da situação versus resultados fornecidos diretamente pelo modelo, por intermédio da Matemática.

Se a concordância não for considerada razoável pelo construtor, pelo avaliador ou pelo cliente, o modelo terá de ser aperfeiçoado (reciclagem). E, num caso extremo, será definitivamente rejeitado e substituído. Tudo num processo dinâmico de realimentação (feedback). Por isso, a modelagem é uma dialética*, no sentido empregado pelo filósofo Hegel (1770-1831): "É tudo que é móvel, progressivo ou que está em evolução".*

LIMA FILHO, E. C., nesta edição.

1 Introdução

A partir dos trabalhos pioneiros de Heymans (1929) e Anrep, Pascual et al. (1936 a; b), detalhou-se a correlação existente entre o ritmo cardíaco e respiratório, quando se demonstrou que os movimentos de inspiração e expiração induziam aumentos e diminuições da freqüência cardíaca, respectivamente. Por serem estas oscilações devidas às variações da freqüência de despolarização do nódulo sinusal, o fenômeno foi então denominado Arritmia Sinusal Respiratória – ASR.

Primeiramente, aventou-se a hipótese da ASR ter uma origem central (Heymans, 1929 e Anrep, Pascual et al., 1936 a; b), quando se verificava a persistência da arritmia sinusal respiratória na ausência de movimentos respiratórios, e na correlação entre sua amplitude e o valor da pressão parcial de dióxido de carbono no sangue arterial. Entretanto, tais achados não foram confirmados por estudos utilizando ventilação subatmosférica intermitente, quando se documentou que a pressão parcial de dióxido de carbono no sangue arterial não se correlacionava com a magnitude da ASR (Freyschuss & Melcher, 1976 b).

Outra hipótese aventada para explicar a ASR foi a de que a mesma teria origem em reflexos oriundos de receptores de estiramento situados nos pulmões e/ou parede torácica (Hering, 1871), fato que não foi observado quando se utilizava ventilação por pressão intermitente (Freyschuss & Melcher, 1976 b). Ainda se verificou que um aumento da amplitude da ASR, obtido com a elevação do volume corrente de um para dois litros, não era devido à expansão pulmonar e sim ao aumento da pressão intratorácica.

Uma terceira hipótese é que a ASR fosse ocasionada por impulsos provenientes dos barorreceptores arteriais sistêmicos. Assim, oscilações da pressão arterial sistêmica, induzidas pelo ciclo respiratório, causariam modificação da estimulação dos barorreceptores, que por sua vez produziriam variações fásicas da freqüência cardíaca. Essas oscilações de pressão arterial sistêmica seriam devidas a influências mecânicas sobre o débito ventricular direito, que se alteraria em decorrência dos movimentos respiratórios. Nesse sentido, existe um relacionamento estreito entre a ASR e os reflexos provenientes dos barorreceptores carotídeos e aórticos, com a ressalva de que esta relação não é exercida simplesmente por intermédio de um mecanismo de retroalimentação. Os mecanismos seriam mais complexos e estariam relacionados a mudanças no ponto de referência do centro modulador do reflexo pressorreceptor, nas fases inspiratórias e expiratórias do ciclo respiratório (Melcher, 1976).

Outro mecanismo aventado para explicar a gênese da ASR diz respeito aos reflexos provenientes de receptores atriais ou ventriculares (Donald & Shepherd, 1978), que seriam estimulados por alterações do retorno venoso, induzidas pelos movimentos respiratórios (Freyschuss & Melcher, 1976 b; a).

A pesquisa acerca dos mecanismos autonômicos envolvidos no controle da freqüência cardíaca não é nova na Divisão de Cardiologia da Faculdade de Medicina da USP–RP. O teste de ASR é usado como uma das avaliações funcionais da integridade destes mecanismos de controle da freqüência cardíaca. No teste padronizado, o indivíduo realiza respirações controladas em seis ciclos respiratórios por minuto, com controle do volume corrente ou não.

Em vista da complexidade das hipóteses existentes, objetivou-se matematizar esta situação, ou seja, *desvelar as possíveis estruturas matemáticas contidas na situação experimental* de ASR no homem, segundo a abordagem proposta por Lima Filho, nesta edição.

2 Métodos

Nesta situação, a abordagem inicial foi com o uso de uma estrutura matemática M compreendida por modelos matemáticos lineares, aqueles que têm as propriedades do princípio de superposição, considerando a ventilação como sinal de entrada ou estímulo e a freqüência cardíaca como saída ou resposta. Assim, pode-se adotar a passagem do fenômeno de ASR para esta situação simplificada (S). Estaríamos construindo uma relação R na estrutura matemática M e uma aplicação (função) f: S $\rightarrow$ M, $u_1 \rightarrow u_2$. Desta forma, teríamos a equação:

$$f\left(u_1, \dot{u}_1\right) = 0$$

A caracterização inicial desta situação leva à propriedade que permite construir experimentalmente a função de transferência, ou seja, a relação entrada/saída por meio da resposta em freqüência, pela aplicação de freqüências discretas ao longo da região, onde se pode observar a ASR.

Outra abordagem possível seria a aplicação da transformada de Fourier aos sinais de estímulo e resposta e se construir a caracterização do fenômeno de ASR pela relação:

$$H(\omega) = \frac{\Im(u_2)}{\Im(u_1)}$$

onde $\Im$ representa a transformada de Fourier, ω é freqüência e u_1, u_2 os sinais de entrada (ventilação), saída (freqüência cardíaca), respectivamente. Porém, o fenômeno observado não existe em todo domínio da equação ω $(0, \infty)$; assim, a função de transferência calculada é:

$$H(\omega) = \frac{\Im(u_2)}{T(\Im(u_1))}$$

onde T é uma transformação linear, que caracteriza um filtro do tipo passa-bandas, transformando o domínio do sinal de entrada g: $[0,\infty) \rightarrow [\omega_1,\omega_2)$.

A segunda forma da caracterização matemática da ASR seria tratar as duas variáveis como fenômenos oscilatórios autônomos que se acoplam produzindo uma resposta síncrona (Schafer, Rosenblum et al., 1998; Lotric e Stefanovska, 2000).

A sincronização pode ser tratada como a aparição de alguma relação entre dois vetores de estado $\mathbf{u}(t)$, de dois processos distintos, em razão de suas interações. Uma sincronização geral é então definida como a presença de uma relação entre os estados de dois sistemas que interagem, $\mathbf{u}_1(t) = \mathcal{F}[\mathbf{u}_2(t)]$. Se os sistemas são idênticos, os estados podem coincidir $\mathbf{u}_1(t) = \mathbf{u}_2(t)$ e a sincronização é completa. Se os parâmetros dos sistemas acoplados apresentam pequenos "desencontros", os estados são próximos $|\mathbf{u}_1(t) - \mathbf{u}_2(t)| \approx 0$, mas permanecem diferentes.

No sentido clássico de sincronização periódica, osciladores autônomos apresentam sincronização de fases (acoplamento).

$$\varphi_{n,m} = n\phi_1 - m\phi_2 = const \tag{1}$$

Onde n e m são inteiros ϕ_1 e ϕ_2 são fases dos dois osciladores e $\varphi_{n,m}$ é a diferença de fase generalizada. A condição 1 acima é válida somente para osciladores quase-periódicos. Para formas mais gerais de osciladores não-lineares, uma condição mais fraca para sincronismos de fase foi proposta.

$$(2)$$

$$|n\phi_1 - m\phi_2 - \delta| \leq const$$

Em tais casos, o acoplamento de fases m:n se manifesta como uma variação de $\varphi_{n,m}$ próximo a um platô horizontal. As amplitudes das oscilações com sincronismos de fase podem ser bastante diferentes e não precisam estar relacionadas.

Se for considerada sincronização em presença de ruído, sincronização de sistemas caóticos ou sincronização com modulação de freqüências naturais, sincronismo de fase e freqüência podem não ser mais equivalentes. Pode-se distinguir várias formas de sincronização: acoplamento de fase e freqüência, acoplamento de fase sem acoplamento de freqüência e acoplamento de freqüência sem acoplamento de fase.

Em sistemas com ruído fraco, $\varphi_{n,m}$ flutua de forma aleatória em torno de um valor constante e as freqüências são aproximadamente acopladas. Em sistemas com ruído intenso pode ocorrer deslizamento de fase. Em tais casos, a questão de sincronismo ou não-sincronismo não pode ser respondida de uma forma única, mas tratada de forma estatística. O sincronismo de fase pode ser entendido como o surgimento de um pico na distribuição das fases relativas.

$$\psi_{n,m} = \varphi_{n,m} \bmod 2\pi \tag{3}$$

e interpretado como a existência de um valor estável preferencial das diferenças de fases dos dois osciladores.

No caso da ASR, o ruído de acoplamento se origina não somente de perturbações externas e de medidas, mas também do fato de outros subsistemas contribuírem para o controle cardiovascular e suas influências são consideradas como ruído na análise de sincronização. Desta forma, foi introduzido o uso de um sincrograma cardiorrespiratório. Este é construído locando-se a fase relativa normalizada de um batimento cardíaco dentro de m ciclos respiratórios.

$$\psi_m(t_k) = \frac{1}{2\pi}\left(\phi_r(t_k)\bmod 2\pi m\right) \tag{4}$$

onde t_k é o tempo do k-ésimo batimento cardíaco e ϕ_r é a fase instantânea da respiração. ϕ_r é definida em R^+ e é observada estroboscopicamente no tempos t_k. No acoplamento de fases **n:m** perfeito, $\psi_m(t_k)$ apresenta exatamente os mesmos **n** valores diferentes dentro de **m** ciclos respiratórios adjacentes, e o sincrograma consiste em **n** linhas horizontais. Em presença de ruído, as linhas ocupam regiões horizontais reconhecíveis. Por esta técnica somente um inteiro **m** deve ser escolhido por tentativa e vários regimes podem ser identificados em cada gráfico.

O ângulo da fase do sinal respiratório é calculado por meio da transformada de Hilbert, que apresenta a forma discreta do sinal analítico contínuo no tempo. O sinal analítico é útil para o cômputo de atributos instantâneos de uma série temporal. A amplitude instantânea da série de entrada é a amplitude do sinal analítico. O ângulo de fase instantâneo do sinal de entrada é o ângulo do sinal analítico convertido no R+ , não limitado ao intervalo $-\pi$ $+\pi$, e a freqüência instantânea é a derivada do ângulo de fase.

3 Material

Os experimentos realizados foram caracterizados por um sinal de estímulo respiratório com conteúdo de freqüência preestabelecido. Os sinais foram criados por um gerador de ruído branco digital e pré-processado por filtro digital passa-bandas do tipo butterworth de segunda ordem. O sinal é submetido a verificações adicionais, de forma a se adequar às necessidades ventilatórias do indivíduo em teste. Nesse caso, o volume corrente deve situar-se entre $-0,60$ l e $+1,40$ l em relação à linha de base, e a ventilação entre 8 l/min e 20 l/min.

O pré-processamento proporcionou séries temporais de aproximadamente 18 minutos com conteúdo de freqüência predominante nas faixas de 3 a 9, 3 a 18 e 5 a 20 cpm. Estes sinais foram armazenados e um programa gerenciador de experimentos os utilizava como sinal de estímulo respiratório.

O programa gerenciador de experimentos realizava operações em tempo real baseado no sistema de interrupções do sistema operacional e realizava as seguintes funções:

- Amostragem de dados por conversão analógica/digital.
- Armazenamento de dados na memória.
- Apresentação de dados no monitor de vídeo.
- Envio de dados por conversão digital/analógica.
- Transferência de dados da memória para o monitor de vídeo.
- Ajuste de múltiplas bases de tempo, independentes, para o monitor de vídeo.

Com estas funções implementadas, dez indivíduos, sem indicação de qualquer doença e não-fumantes, realizaram um protocolo de testes em três fases: i) treinamento do indivíduo no equipamento, ii) calibração do *respitrace* (descrito a seguir), e iii) testes de ASR com estímulos respiratórios do tipo ruído rosa.

O equipamento *respitrace* consiste de duas cintas sensíveis às alterações das circunferências torácicas e abdominais. A calibração usa um fluxômetro *fleish* #3 previamente calibrado como referência e os sinais dos transdutores torácicos e abdominais são ajustados para que a combinação dos dois sinais forneça um sinal correlacionado ao volume corrente do indivíduo (coeficiente de correlação maior que 0,95).

O indivíduo em teste sentava-se de maneira confortável defronte ao monitor de vídeo do microcomputador e visualizava o sinal de seus movimentos respiratórios e do padrão preestabelecido ao teste (sinal com conteúdo de freqüências determinado). Esse sinal era apresentado adiantado em relação aos movimentos respiratórios, de forma que o padrão respiratório que seria solicitado era visualizado antecipadamente.

O sinal eletrocardiográfico, obtido com um eletrocardiógrafo (Mingograf 34, Siemens Elema, EUA) foi conectado ao módulo de cálculo da freqüência cardíaca instantânea (modelo 8811A, Hewllet-Packard, EUA).

Os sinais da freqüência cardíaca instantânea, dos movimentos respiratórios e dos padrões de estímulo foram registrados em papel para acompanhamento do experimento e simultaneamente amostrado no microcomputador.

4 Resultados

A Figura 1 mostra um experimento de ASR, onde o sinal de estímulo, parte inferior do painel, contém freqüências de 3 a 9 cpm. O traçado superior mostra a freqüência cardíaca desenhada em escala, enquanto o volume corrente, traçado central, é mostrado sem escala.

A Figura 2 mostra o espectro do sinal de estímulo calculado por modelo auto-regressivo de média móvel (ARMA), sinal projetado para conter freqüências de 3 a 9 cpm (experimento mostrado na Figura 1). As Figuras 3 e 4 mostram os espectros do sinal de volume corrente e de intervalos RR, também calculados por modelos auto-regressivos de médias móveis.

A Figura 5 mostra a estimativa da função de transferência calculada por modelo auto-regressivo de médias móveis. Nestas figuras é importante observar que tanto a freqüência cardíaca quanto a ventilação apresentam espectros com destaque na região das freqüências delimitadas pelo filtro passa-bandas, enquanto a estimativa da função de transferência apresenta-se com esta faixa um pouco ampliada.

A Figura 6 mostra o sincrograma de um experimento, onde se pode notar o sincronismo de fase do tipo 6:2, enquanto a Figura 7 mostra outro experimento onde o sincronismo não ocorre.

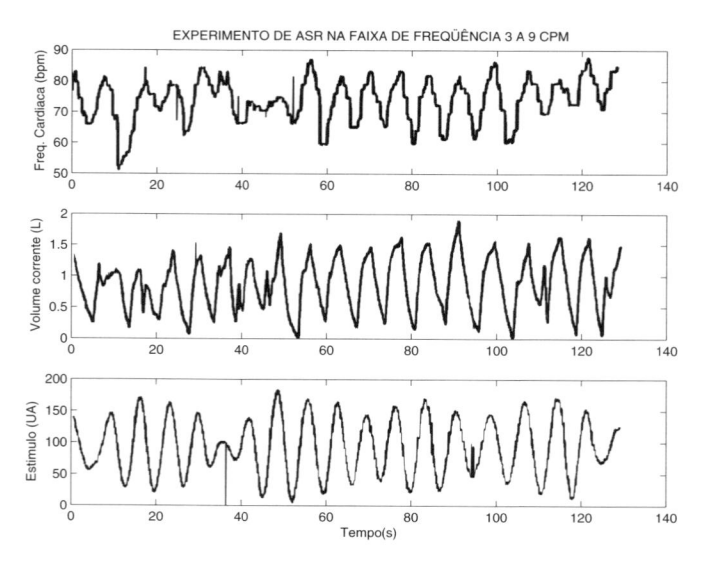

Figura 1 – Experimento de ASR, com estímulo com conteúdo de freqüências na banda 3 a 9 cpm representado no painel inferior. O traçado superior mostra a freqüência cardíaca, enquanto o volume corrente é mostrado no traçado central.

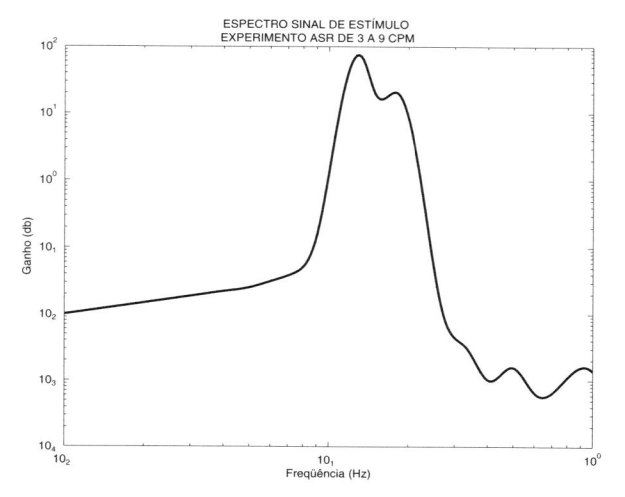

Figura 2 – Estimativa do espectro de potência do sinal de estímulo, utilizado no experimento mostrado na Figura 1, calculada por meio de modelo auto-regressivo de médias móveis (ARMA).

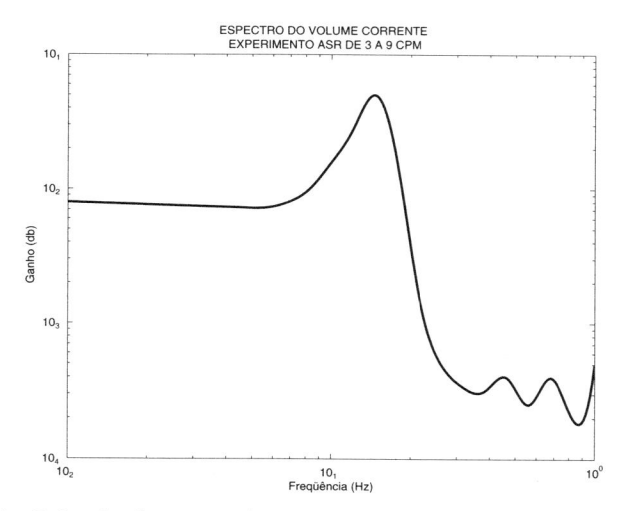

Figura 3 – Estimativa do espectro de potência do sinal de volume corrente, utilizado no experimento mostrado na Figura 1, calculada por meio de modelo auto-regressivo de médias móveis (ARMA).

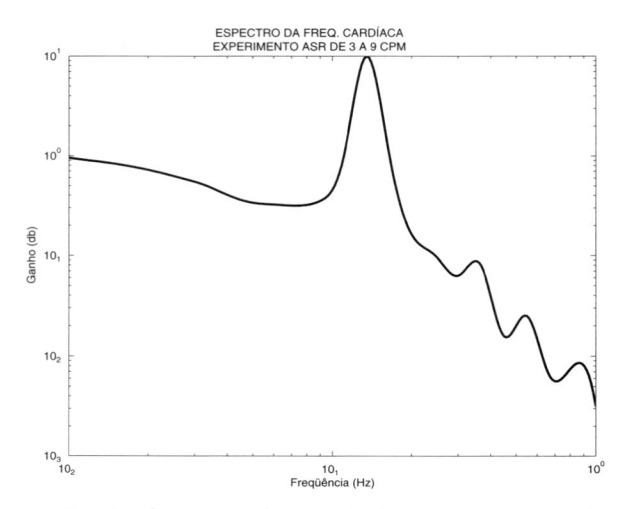

Figura 4 – Estimativa do espectro de potência de processos pontuais do intervalo RR, do experimento mostrado na Figura 1, calculada por meio de modelo auto-regressivo de médias móveis (ARMA).

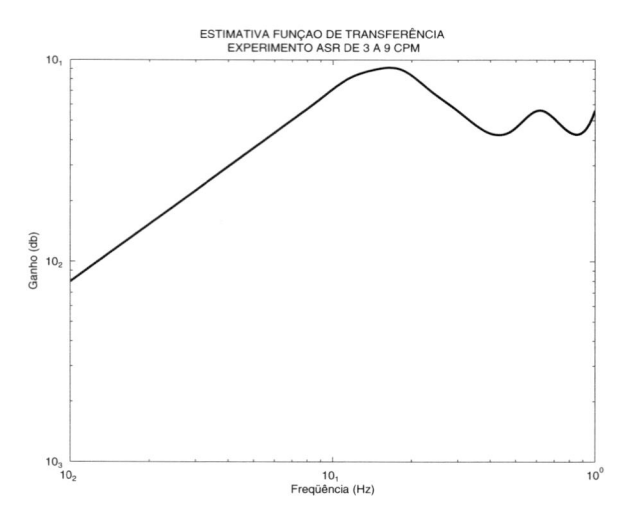

Figura 5 – Estimativa da função de transferência do modelo matemático do tipo entrada/saída, do experimento mostrado na Figura 1, calculada por meio de modelo auto-regressivo de médias móveis (ARMA).

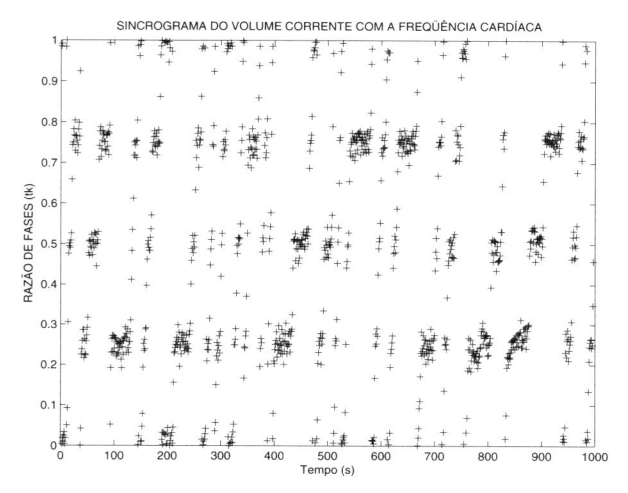

Figura 6 – Sincrograma de um experimento de ASR, onde ocorreu sincronismo de fases do tipo 6:2 entre o volume corrente e a freqüência cardíaca, calculado por transformada de Hilbert.

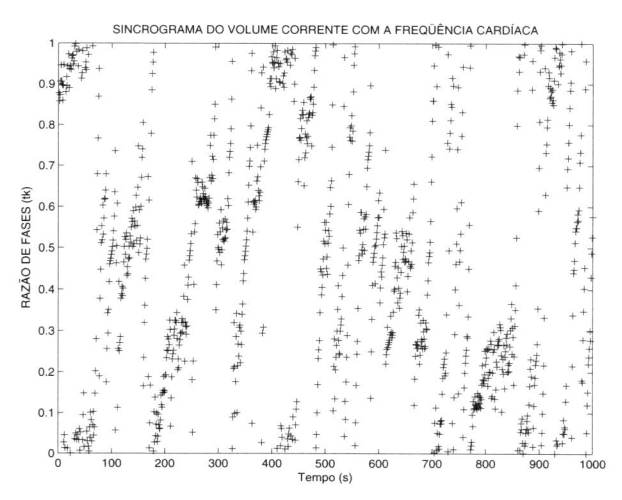

Figura 7 – Sincrograma de um experimento de ASR, onde não ocorreu sincronismo de fases entre o volume corrente e a freqüência cardíaca, calculado por transformada de Hilbert.

5 Discussão

A etapa inicial da seleção dos componentes e as interdependências em S0 que podem ser consideradas mais relevantes na obtenção da situação simplificada S, no caso de modelos matemáticos da ASR, conduzem a uma grande variedade de soluções, como pode ser visto a seguir.

O primeiro modelo global para a ASR é o de Clynes (1960 c; a; b). Neste modelo, as relações matemáticas descrevendo a ASR foram implementadas em computador analógico. O sinal da circunferência torácica alimentava a entrada do computador, e a freqüência cardíaca simulada, obtida a partir do modelo, era comparada visualmente com os valores experimentais obtidos.

O modelo contava com várias seções e estas eram representadas por sistemas dinâmicos lineares de segunda ou terceira ordem além de um oscilador não-linear representativo da atividade de marcapasso cardíaco.

Luczak e Laurig (1973) e Luczak (1978), utilizando um modelo integrado dos sistemas cardiovascular e cardiorrespiratório, consideraram que a ação das flutuações da respiração sobre a pressão arterial era decorrente das variações da pressão intratorácica, durante a respiração espontânea; esta relação podia ser representada segundo um modelo dinâmico linear de primeira ordem. Desta forma, as flutuações da respiração influenciavam os centros moduladores dos reflexos pressóricos e vaso motor na medula e, deste ponto, enviavam informações para o eferente vagal, e correspondente efetor cardíaco.

Deboer, Karemaker et al. (1984); Deboer, Karemaker et al. (1985 a; b; c e 1987) propuseram um modelo simplificado para uma transformação direta entre as ondas de pressão arterial em ASR, via mecanismos barorreflexos e eferente vagal. Esse modelo compreende o estudo do acoplamento de fase entre a pressão sistólica e a ASR, o que poderia justificar a atenuação do envelope da pressão diastólica durante um ciclo respiratório.

Negoescu e Csiki (1989) propõem um modelo em três partes: a primeira trata das interações entre os neurônios respiratórios e vagais comuns à ponte; a segunda refere-se às interações vago/intervalo RR e a terceira inclui as influências da divisão do eferente simpático. As seções são formadas por três, sete e seis equações, tanto lineares quanto não-lineares, que foram combinadas e posteriormente implementadas em computador analógico.

Kitney (1977 e 1979); Kitney, Fulton et al. (1985); Saul, Albrecht et al. (1988); Saul, Berger et al. (1989 e 1991) desenvolveram, em uma série de trabalhos, um modelo matemático propondo que a ASR fosse o resultado da interação de duas oscilações fisiológicas, a respiração e o componente motor do reflexo barorreceptor. Uma conseqüência direta desta hipótese é que a ASR seria produzida pelo acoplamento do oscilador da malha de realimentação do reflexo barorreceptor pela respiração. Os resultados de simulação foram comparáveis, do ponto de vista qualitativo, aos publicados por Angelone e Coulter (1964; 1965).

Em outro trabalho, Saul, Berger et al. (1989) discutem as hipóteses de os mecanismos da ASR se originarem da interação fisiológica entre duas malhas de controle, uma hemodinâmica e outra respiratória. E estes mecanismos poderiam ser descritos por meio de vários osciladores acoplados, particularmente, o oscilador do tipo *Van der Pol*. Ressalte-se que estas hipóteses chegam a questionar se a respiração normal possui energia suficiente para modular a freqüência cardíaca em todas as faixas de freqüências.

Por outro lado, o tratamento da ASR por abordagem de entrada e saída foi apresentado pela primeira vez por Womack (1971); Womack e Hinderer (1971) como um modelo linear, no qual era adicionado um ruído branco à saída do sistema. Neste trabalho, a identificação do sistema linear foi realizada usando-se a transformada de Fourier, e os resultados comparados com os de Angelone e Coulter (1964; 1965).

Outros modelos de entrada-saída, onde os sinais de ventilação e freqüência cardíaca são analisados, na busca de uma possível estrutura matemática, têm sido aplicados por vários pesquisadores. Berger, Saul et al. (1989 a; b) desenvolveram um modelo matemático para explicar a influência entre a respiração, em duas posturas corporais, e as taxas de descargas vagais e simpáticas. Tanto estes trabalhos quanto o de Kitney, Fulton et al. (1985) usaram as funções de densidade espectral para identificar seções lineares de modelos matemáticos mais complexos.

Enquanto Lotric, Stefanovska et al. (2000) e Stefanovska, Lotric et al., (2001) propõem tratar a ASR como um sistema de osciladores fracamente acoplados que obtém para a respiração espontânea resultados similares aos encontrados neste trabalho.

Como pôde ser observado, o processo de seleção dos componentes e interdependências conduziu a modelos matemáticos muito diferenciados. Por outro lado, a abordagem da ASR como um modelo de entrada-saída torna-se relevante ao desenvolvimento do mesmo. Esta abordagem se assemelha conceitualmente a uma análise exploratória de dados experimentais, etapa extremamente importante no processo de desenvolvimento do modelo matemático, considerando que a mesma conduz a possíveis situações experimentais, onde os modelos matemáticos possam estar mais próximos de uma situação de predição.

Porém, as duas abordagens expostas ainda carecem da **dialética** para alcançar a fase de validação dos modelos exposta em epígrafe.

Referências bibliográficas

ANGELONE, A.; COULTER JR, N. A.. *Respiratory Sinus Arrhythemia: A Frequency Dependent Phenomenon*. J Appl Physiol, v.19, Maio, p.479-82. 1964.

_____. *Heart rate response to held lung volume*. J Appl Physiol, v.20, nº 3, Maio, p.464-8. 1965.

ANREP, G. V.; PASCUAL, W. et al. *Respiratory Variations of the heart rate I- the reflex mechanism of respiratory arrhythmia*. Procedings of Royal Society, v.119, p.191-217. 1936a.

_____. *Respiratory Variations of the heart rate II- The central mechanism of the respiratory arrhythmia and the inter-relations between the central and the reflex mechanisms*. Procedings of Royal Society, v.119, p.218-230. 1936b.

BERGER, R. D.; SAUL, J. P. et al. *Assessment of autonomic response by broad-band respiration*. IEEE Trans Biomed Eng, v.36, nº 11, Novembro, p.1061-5. 1989a.

_____. *Transfer function analysis of autonomic regulation. I. Canine atrial rate response*. Am J Physiol, v.256, nº 1 Pt 2, Janeiro, p.H142-52. 1989b.

CLYNES, M. *Computer analysis of reflex control and organization: respiratory sinus arrhythmia*. Science, v.131, Janeiro 29, p.300-2. 1960a.

_____. *Respiratory control of heart rate: laws derived from analog computer simulation.* IRE Trans Med Electron, v.ME-7, Janeiro, p.2-14. 1960b.

_____. *Respiratory sinus arrhythmia: laws derived from computer simulation.* J Appl Physiol, v.15, Setembro, p.863-74. 1960c.

DE BOER, R. W.; KAREMAKER, J. M. et al. *Description of heart-rate variability data in accordance with a physiological model for the genesis of heartbeats.* Psychophysiology, v.22, nº 2, Março, p.147-55. 1985a.

_____. *Relationships between short-term blood-pressure fluctuations and heart-rate variability in resting subjects. I: A spectral analysis approach.* Med Biol Eng Comput, v.23, nº 4, Julho, p.352-8. 1985b.

_____. *Relationships between short-term blood-pressure fluctuations and heart-rate variability in resting subjects. II: A simple model.* Med Biol Eng Comput, v.23, nº 4, Julho, p.359-64. 1985c.

DEBOER, R. W.; KAREMAKER, J. M. et al. *Comparing spectra of a series of point events particularly for heart rate variability data.* IEEE Trans Biomed Eng, v.31, nº 4, Abril, p.384-7. 1984.

_____. *Hemodynamic fluctuations and baroreflex sensitivity in humans: a beat-to-beat model.* Am J Physiol, v.253, nº 3 Pt 2, Setembro, p.H680-9. 1987.

DONALD, D. E.; SHEPHERD, J. T.. *Reflexes from the heart and lungs: physiological curiosities or important regulatory mechanisms.* Cardiovasc Res, v.12, nº 8, Agosto, p.446-69. 1978.

FREYSCHUSS, U.; MELCHER, A. *Respiratory sinus arrhythmia in man: relation to cardiovascular pressures.* Acta Physiol Scand Suppl, v.435, p.II, 9 pp. 1976a.

_____. *Sinus arrhythmia in man: influence of tidal volume and oesophageal pressure.* Acta Physiol Scand Suppl, v.435, p.I, 10 pp. 1976b.

HERING, E. *Über eine reflectorische Beziehung zwischen Lungue und Herz.* Sitzber. Akad. Wiss. Wien., v.64, p.33-45. 1871.

HEYMANS, C. *Über die Physiologie und Pharmacologie des Herz-Vagus-Zentruns V. Der Mechanismus der Herzarhythmie respiratorichen Ursprungs.* Ergebn. Physiol, v.28, p.292-304. 1929.

KITNEY, R. I. *Magnitude and phase changes in heart rate variability and blood pressure during respiratory entrainment [proceedings].* J Physiol, v.270, nº 1, Agosto, p.40P-41P. 1977.

_____. *A nonlinear model for studying oscillations in the blood pressure control system.* J Biomed Eng, v.1, nº 2, Abril, p.89-99. 1979.

KITNEY, R. I.; FULTON, T. et al. *Transient interactions between blood pressure, respiration and heart rate in man.* J Biomed Eng, v.7, nº 3, Julho, p.217-24. 1985.

LOTRIC, M. B.; STEFANOVSKA, A. *Synchronization and modulation in the human cardiorespiratory system.* Physica a-Statistical Mechanics and Its Applications, v.283, nº 3-4, Agosto 15, p.451-461. 2000.

LOTRIC, M. B.; STEFANOVSKA, A. et al. *Spectral components of heart rate variability determined by wavelet analysis.* Physiol Meas, v.21, nº 4, Novembro, p.441-57. 2000.

LUCZAK, H. *Fractioned heart rate variability.* Part 1: *analysis in a model of the cardiovas-*

cular and cardiorespiratory system. Ergonomics, v.21, nº 11, Novembro, p.895-911. 1978.

LUCZAK, H.; LAURIG, W. *An analysis of heart rate variability.* Ergonomics, v.16, nº 1, Janeiro, p.85-97. 1973.

MELCHER, A. *Respiratory sinus arrhythmia in man. A study in heart rate regulating mechanisms.* Acta Physiol Scand Suppl, v.435, p.1-31. 1976.

NEGOESCU, R. M.; CSIKI, I. E. *Model of respiratory sinus arrhythmia in man.* Med Biol Eng Comput, v.27, nº 3, Maio, p.260-8. 1989.

SAUL, J. P.; ALBRECHT, P. et al. *Analysis of long term heart rate variability: methods, 1/f scaling and implications.* Comput Cardiol, v.14, p.419-22. 1988.

SAUL, J. P.; BERGER, R. D. et al. *Transfer function analysis of the circulation: unique insights into cardiovascular regulation.* Am J Physiol, v.261, nº 4 Pt 2, Outubro, p.H1231-45. 1991.

_____. *Transfer function analysis of autonomic regulation. II. Respiratory sinus arrhythmia.* Am J Physiol, v.256, nº1 Pt 2, Janeiro, p.H153-61. 1989.

SCHAFER, C.; ROSENBLUM, M. G., et al. *Heartbeat synchronized with ventilation.* Nature, v.392, nº 6673, Março, p.239-240. 1998.

STEFANOVSKA, A.; LOTRIC, M. B. et al. *The cardiovascular system as coupled oscillators?* Physiol Meas, v.22, nº 3, Agosto, p.535-50. 2001.

WOMACK, B. F. *The analysis of respiratory sinus arrhythmia using spectral analysis and digital filtering.* IEEE Trans Biomed Eng, v.18, nº 6, Novembro, p.399-499. 1971.

WOMACK, B. F.; HINDERER, J. H. *Modeling the effect of respiration on heart rate through analogue and digital computer studies.* J Assoc Adv Med Instrum, v.5, nº 1, Janeiro-Fevereiro, p.38-43. 1971.